U0610496

超侠/主编

马万霞 黄春凯/编

揭秘陆地奇迹

黑龙江科学技术出版社
HEILONGJIANG SCIENCE AND TECHNOLOGY PRESS

图书在版编目（CIP）数据

揭秘陆地奇迹 / 马万霞，黄春凯编. -- 哈尔滨：
黑龙江科学技术出版社，2022.10
（探索发现百科全书 / 超侠主编）
ISBN 978-7-5719-1563-6

Ⅰ.①揭… Ⅱ.①马… ②黄… Ⅲ.①陆地 - 普及读
物 Ⅳ.① P9-49

中国版本图书馆 CIP 数据核字 (2022) 第 151574 号

探索发现百科全书 揭秘陆地奇迹
TANSUO FAXIAN BAIKE QUANSHU JIEMI LUDI QIJI
超 侠 主编 马万霞 黄春凯 编

项目总监	薛方闻	
策划编辑	回 博	
责任编辑	孙 雯	
封面设计	郝 旭	
插画制作	尹 霞	
出 版	黑龙江科学技术出版社	
	地址：哈尔滨市南岗区公安街 70-2 号 邮编：150007	
	电话：（0451）53642106 传真：（0451）53642143	
	网址：www.lkcbs.cn	
发 行	全国新华书店	
印 刷	哈尔滨市石桥印务有限公司	
开 本	720 mm × 1000 mm 1/16	
印 张	10	
字 数	150 千字	
版 次	2022 年 10 月第 1 版	
印 次	2022 年 10 月第 1 次印刷	
书 号	ISBN 978-7-5719-1563-6	
定 价	39.80 元	

前　言

　　茫茫宇宙是一片星辰之海。在这片星海之中，地球是最璀璨的一颗。

　　"狂暴"的岁月里，地球凭借不懈的努力，战胜荒凉黯淡，为自身增添盎然绿意，给地球生灵准备好一个绿色的舞台。

　　在地球生灵中，人类是最具传奇性的种群。我们从动物界脱胎换骨，历经千难万险，终于蜕变为地球的主宰者。我们给地球带来生机，创造了无与伦比的人类文明。

　　但我们要学会一分为二地看待问题，我们是地球的建设者，也是地球的破坏者——污染大多由人类导致。换句话说，人类也是地球绿色的"吞噬者"。为了所谓的"发展"，人类大肆毁林开荒，任由清幽的绿地沦为恶臭熏天的垃圾场，更不在乎污染物流入大海……

　　人类对地球的破坏终将引来地球的报复，会使人类失去唯一的家园。为了避免厄运降临，我们要做的便是尊重地球的生态环境，停止破坏行为，爱护地球，让地球永葆绿色生机。

目录
Contents

第一章 你好！地球

就地球最初来说，它是一个没有生命的固体球，但它有自己独特而精彩的发展历程。

这段历程十分漫长，是人类无法想象的漫长，足足有46亿年之久。正是在地球无声的"坚持"和"积淀"之下，才有了如今的样子。

让我们拨开历史的风尘，回溯地球之初，回味它的成长壮大，一览地球之貌。让我们在感叹之余，向地球问好！

往昔回眸

初露端容

如果我们把时光拉回到46亿年前，那时我们生活的地球是一番什么模样呢？那时的地球还处于婴儿期。而且由于时间太过久远，我们对它的了解也是模糊不清的。但是也许那时的地球就是一个大火球，情形如炼狱一般处于极致的恐怖之中：地面上到处流淌着炙热的岩浆，就像如今的大海一样广阔，当时原始的大气层还没有形成，天空中

地球有话说

46亿年前的一个"偶然"事件，宇宙中不起眼的一个小地方被"引爆"——"我"也就此诞生。回忆当初，情况实在太糟糕了，犹如炼狱一般。不过我相信时间的力量，会让"我"展现出最优美的一面。

充满了"枪林弹雨"，那些到处乱飞的小行星和陨石长驱直入，坠落在岩浆中，激起的巨大涟漪此消彼长。整个地球呈现出一片橘红色，天地不分，完全是一个混沌的世界。

时间不知过了多久，也许又是几亿年甚至是更长的时间，随着地球不断地向外辐射热量，地球开始慢慢地降温，底层岩浆逐渐冷

▌ 大碰撞时期，原始的地球没有大气层的保护，到处乱飞的小行星和陨石长驱直入

■ 长满"雀斑"的初始地球

却凝固成岩石，形成地壳。火山喷发出的大量气体慢慢地升腾到空中，形成了原始的大气层。其中水蒸气冷却后又降落到地面，越聚越多，最后形成了原始的海洋。这时地球的颜色第一次丰富和生动起来，像一个脸上长满雀斑的孩子，深色的区域是岩浆冷却后的颜色，红色的区域是频频爆发的火山，蓝灰色的区域是海洋。海洋面积广阔，其间还散落着数不清的海岛。

■ 原始的海洋

新生的地球顶着一张"大花脸"，看起来不好看，不过它可不在意这些，因为整个宇宙都处于动荡之中，一切事物都在自顾自地、慢悠悠地演化着，包括地球自身也是一样。

▌原始地球上充满蓝藻

漫长幼年

地球的演化真是漫长啊！在它的时间轴上，几十亿年的演化历程并没有使地球长成一个"大人"——距今 2.3 亿年前，地球才走过它的青少年时代。

不过，地球早已不是最初的样子了，新事物随处可见，轰轰烈烈的造山运动过后，我们熟悉的燕山、太行山早已矗立起来。海洋中有了更多种类的藻类，它们是天生的"光合作用"高手，"猛吸"二氧化碳，同时"狂吐"氧气。上亿年的"吞吐"，改变了大气层的结构，二氧化碳不断减少，氧气日渐增加，这是孕育生物的宝贵条件。最终导致了有名的"寒武纪生物大爆发"，三叶虫、节肢动物、蠕形动物、海绵动物……争先恐后地来到这个世界。

海洋是地球的"霸主"，但陆地也在潜滋暗长着，一点点"蚕食"海洋的面积。陆地面积不断增加，但活跃的地壳运动也引发了古大陆的分离与解体，形成南北古陆对峙的

形势。北方的劳亚古陆和南方的冈瓦纳古陆将迎来它们各自的命运——大陆漂移的过程开始了。

■ 3亿年前，煤炭几乎把地球变成了冰

地壳的升降与海水的入侵，再加上大片的绿色植被，这一切稍有震动，便促成了黑色煤炭的形成，全球进入一个长达几千万年的成煤时期，北半球内部隐藏着一股鲜亮的黑色。

温暖时期过后，地球陷入一片凄寒，石炭–二叠纪大冰期来了，绵延几百万平方千米的冰盖促成了南极大陆的形成。

中国大陆的版图轮廓已基本形成，虽然地壳仍不太稳定，但各种矿产相继形成，祁连山的铁矿、西南地区的磷矿、锰矿，以及南北方的煤矿……一切都在悄无声息地孕育着。

环保小·贴士

植物魔法

植物从空气中吸取二氧化碳后，会将其中的碳分子留在体内。当植物死去以后，它们要经受微生物的分解。但并不是所有的植物躯体都会被分解掉，残余部分会被埋藏在地下。亿万年后，它们改变了原来的样子，形成煤炭、石油等化石燃料。其中的碳还保留着，所以当煤等化石燃料燃烧时，那些远古遗留的碳物质又会被排放到大气中。

成熟壮大

这一次，时光机将从2.3亿年前向后数，直到0.7亿年前暂停，地球已跨过了整个中生代。这段时间，地球仿佛启动了"加速器"，迅速迈向壮年。地壳还在杂乱无章地运动着，对地球进行着雕刻与塑造，使我们不得不接受它的"恶作剧"。大陆早已开始了全面漂移的历程，新的山脉与大洋形成了，如今可见的地貌轮廓也固定下来了。陆地与海洋的"争夺战"告一段落，气候也稳定下来了，新的生物大量繁衍，比如裸子植物，它们四下征服，最终占据了大陆。当然，它们不是地球上唯一的"活物"与"主角"，爬行动物或许要高于它们。始祖鸟腾空而起，证明了动物也有征服天空的能力，卞氏兽则向我们透露出爬行动物的一支向哺乳动物演化的迹象。

3亿年前，地球上的陆地形成了一个巨大的板块，称为"泛古陆"，在泛古陆周围则是泛大洋

大约在2亿年前，由于地球自转产生的离心力和潮汐引力的长期作用，泛古陆开始分裂，就像浮在水面上的冰块一样，分块漂移

1.35亿年前，大西洋逐渐扩张

1000万年前，大西洋扩张了许多，地球上的几个大洲初步形成

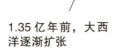
▌大陆漂移说示意图

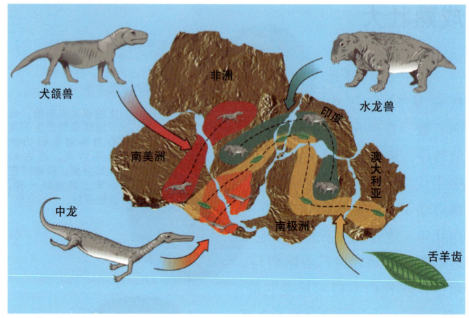

科学家在不同大陆上发现了极为相似的古生物化石，从而也证实大陆曾经是连在一起的

地壳活动尚未停止，大陆漂移仍在继续。一方面，岩浆活动剧烈，褐色、深灰色的玄武岩到处蔓延，遍布各地。煤层在继续铺垫着，石油也开始形成了，大庆油田等知名油田都孕育于这一时期。岩浆的喷发为地球贡献了多种多样、五颜六色的金属矿床。另一方面，冈瓦纳古陆解体，如今非洲与印度所在的地区分离，分别靠近欧洲与亚洲，世界各地的海陆配置基本完成。

气候方面，干湿交替，这是动物爆发式增长的温床，陆地动物、海洋浮游生物不可胜数，给地球带来独属于"生物"的咆哮与喧闹。

中国云南发现的距今2亿年前的下孔类卞氏兽的头骨化石

环保小·贴士

先冷后热

火山喷发对地球的影响可谓"先冷后热"：当火山灰遮天蔽日时，太阳光也被遮挡在地球之外，那么地球温度就会下降。但当灰尘落下，火山喷发带出的二氧化碳、二氧化硫、氯化氢等气体便开始发挥威力，它们有的能使地球升温，有的会形成酸雨，还有的会造成光化学反应，也有直接作用于臭氧层，导致臭氧空洞……除了破坏生态环境，火山喷发还会引发多种次生危害。

正因如此，发生在 2022 年初的汤加火山大喷发事件才会引起全世界的关注。

绿色地球

7000 万年前，地球演化的步伐明显加快了，进化与灭亡之间的时间间隔开始逐步缩短。

从大环境上看，地壳发展从活跃步入稳定，地球上最年轻的山系出现了，以阿尔卑斯、高加索、喜马拉雅山系为其中的杰作。那时候，喜马拉雅山远没有今天的高度，但也超出海面 5000 米，显示出勃勃生机。青藏高原、台湾岛都跟着出现了。岩浆活动时有出现，但已没有了摧毁一切的能力。冈瓦纳大陆的分裂与漂移使地貌更接近现代。

气候方面，世界气候带已经明显地显现出来，有干燥的地方，也有湿润的地方，西风带也酝酿完成。干湿、冷暖不断地交替着，引发了气候的波动，随之出现冰期和间冰期，东亚季风也开始吹刮起来。大陆挨着波澜壮阔的海洋，臭氧层夜以继日地保护着地球，

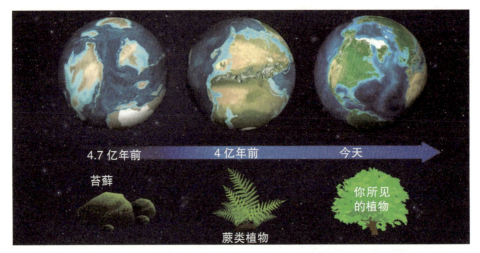

4.7 亿年前　　4 亿年前　　今天

苔藓

蕨类植物

你所见
的植物

地球和植物的演化之旅示意图

使地球表面免受紫外线的侵蚀。一切的气候、海陆等外部条件都准备好了，陆地生物圈的崛起指日可待。

没过多久，一个绿意盎然、生机勃勃的全新地球便在宇宙中孕育成型：绿色植物向地下扎根，各种各样的动物则毫无禁忌地四处游荡。但这跟后面的更大的"惊喜"相比，似乎还不算什么。

细心的你肯定能看出一些端倪，"新生物之歌"已进入最后一节，人类的狂欢终将开启。距今 3000 万年前，人类的灵长类祖先出现了，它们中的一支顽强地进化着；距今 800 万年前的中非地带，最早的能够直立行走的灵长类人科动物出现了。人类与地球同呼吸、共命运的伟大时代拉开帷幕！虽然这一时段跟地球历史相比不过是一瞬间而已，但人类将为地球带来更多的颜色。

地球有话说

欣欣向荣的绿色终于出现，"我"也变得生机勃勃。"我"的歌声不再喑哑，而是嘹亮起来。虽然我时常要忍耐寒冬的考验，甚至失去所有活着的伙伴，但每一次危机过后，"我"的心情总能被澎湃的海浪、温暖的阳光以及弱小·但却蓬勃的生命力所治愈。

沉默的岩石圈

天然计时器

科学家好不容易弄清了地球的起源，新的问题随之而来：地球的年龄有多大？

三四百年以前，一些人曾试图以年为单位度量地球的年龄，就像猜测小朋友的年龄那样，他们给出了自己的估算——将公元前4004年定为地球的诞生日。可用年来度量地球的年龄，这实在有些保守了。

后来，海水中的盐分数据又给了一些科学家灵感。他们知道最初的海洋都是淡水，

▎最初，人们把海洋中积累的盐分作为天然计时器

而海水中的盐分都是陆地河流带来的，那么，只要知道每年河流带入海中的盐分的总量，再除以海水中盐分的总量，就能得出一个年份数字，这代表盐分在大海中积累的年份，也就是地球的年龄。经过复杂的计算，他们得出了1亿年的答案。可问题是，就算海洋的年龄是1亿年，地球的年龄还是未知的。因为除了海洋，还有岩石，它们可比海洋出现得早多了。

接下来，人们又发现了一个方法，利用海洋沉积物。有科学家推算出，每隔三千到一万年，海里的沉积岩就会加厚1米。而地球上最厚的沉积岩约有100千米，这样一算，地球的年龄被延长至3亿~10亿年。虽然这个数字比之前大了好几倍甚至十倍之多，但仍有漏洞。在沉积现象开始之前，地球就存在了。看来，地球的年龄还要更大

2001年，科学家从加拿大魁北克省北部哈德森湾东海岸沿线的绿石带的一个古岩床带发现了目前地球上最古老的岩石。通过测量岩石样品中稀有元素钕和钐同位素的细微变化，研究人员证明岩石形成时间可追溯到38亿年前至42.8亿年前之间

"放射性"，这听起来有些可怕！似乎一提到"放射性"，有些人就要担心环境污染、危害人体健康什么的。其实在自然环境中就存在很多天然的放射性元素，它们一般不会给环境和生物带来危害。只有那些人造的放射性物质才是危害环境和生物的"凶手"。

一些。

实际上，人们为了推算地球的年龄，曾经试过不下40种方法。直到一个偶然的机会，人们才发现了一个最妙的办法——从地球内部放射性物质入手，因为自然界中的某些元素具有一个神奇的特性——内部的原子会从一种元素转变成另一种元素。比方说，铀经过一定的时间能转变成镭，然后再转变成氦和铅，这个转变过程就算完结了。转变过程是稳定的，不受任何物质的影响。科学家找到含铀和铅的岩石，测算出岩石的年龄为30多亿年，再加上地壳形成前地球所经历的熔融时期，推测出地球的年龄大约为46亿年。

1956年，科学家克莱尔·帕特森改进铀铅测年法，发明铅铅测年法，并通过测定陨石中铅的同位素的含量，计算出地球年龄为 45.5 ± 0.7 亿年

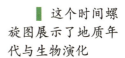

这个时间螺旋图展示了地质年代与生物演化

大地骨骼

地球养育了无数的生命，她并不虚弱，而是一位有着强壮骨骼和肌肉的母亲，其中岩石就是骨骼。

岩石就是我们口中的石头，用处很大，能做建筑材料，或者被提取颜料、金属等等。我们常见的玻璃、水泥、石膏雕像乃至钻石都是从岩石中得来的。全部的岩石构成了岩石圈。

薄而坚硬的岩石圈是地壳的重要组成部分，平均厚度为 17 千米，像人的骨架一样支撑起了地球的表层。

地球是由陆地和海洋两大部分构成的，它们的地壳厚度也存在着非常大的差别：大陆地壳的厚度在 15~80 千米

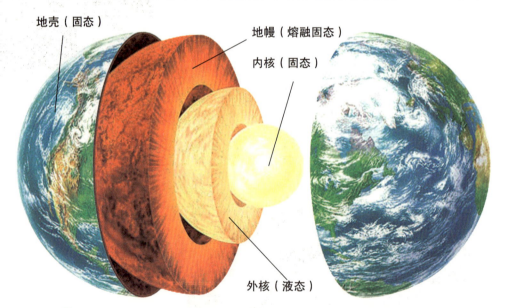

地壳（固态）　地幔（熔融固态）　内核（固态）　外核（液态）

▍地球圈层结构图

大概距今 46 亿年前，原始地核捕获宇宙空间高温熔融物质，形成了高温熔融巨厚层，其外部经过冷却凝固后，形成了原始地球的外壳，而高温熔融层中间形成液态层（外地核），液态层与外壳之间形成外过渡层，即地幔。液态层与地核间形成内过渡层，至此原始圈层状地球形成

环保小·贴士

拯救地球

　　在科学界有一种看法，认为地球在 7 亿年前曾处于"雪球"状态，整个地球都被冰川包裹着，奇寒无比。那么，是谁"拯救"了地球呢？是地壳运动。板块的剧烈震动，引起火山喷发，为大气提供了温室气体。当温室气体逐渐累积，地球渐渐"回暖"，生命进入新一轮的演化过程。

　　之间，平均厚度达 35 千米；而海洋地壳的厚度只有 2~11 千米，平均下来只有 7 千米。地壳薄厚不一，所以地表形态也不一样，有洼地也有高山。

　　在地壳之下，还有厚厚的地幔层，厚度可达 2900 千米。地幔内有熔融的岩浆，还有多种多样的矿物质。岩浆的温度非常高，常

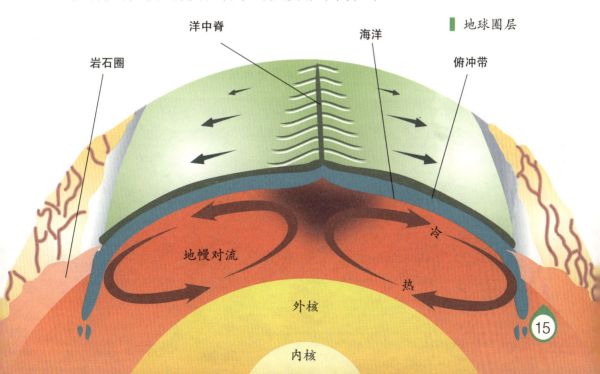

洋中脊　海洋　■ 地球圈层
岩石圈　俯冲带
地幔对流
冷
热
外核
内核

常冲出地表，即火山喷发。地幔再往下是地球的深层核心——地核。地核的温度高达几千摄氏度，像一个致密的铁球。

地壳并不是地球的全部，但它对于人类的意义非同寻常。地壳中含有多种多样的化学元素，氧、铝、铁、钙、钠、钾数不胜数。这些元素通常与其他元素混合在一起，组成硅酸盐等矿物，它们是地球赠予人类的瑰宝。

我们脚下的地壳看起来沉默又牢固，从头到脚将地球裹得严严实实。但地球可不是像橘子那样由无缝隙的一整张橘子皮包裹着的。岩石圈是由大大小小的一些板块拼凑起来的，这被称为"板块构造学说"。

根据"板块构造学说"，地球的岩石圈被分为太平洋板块、亚欧板块、非洲板块、美洲板块、印度洋板块以及南极洲板块。我们中国位于亚欧板块之上，我们的东边就是太平洋板块，它被整个太平洋所占据。这些板块本来也是一块完整的"橘子皮"，但经过数百万年的缓慢运动后就分裂成今天的样子了。如果你拿出世界地图，仔细观察各大洲的轮廓，再试着拼合它们，就能发现一些证据。

▌世界地图平面图

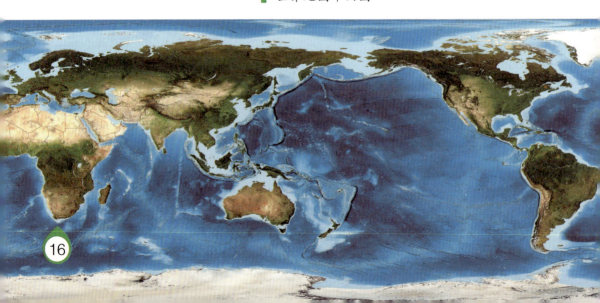

扭曲动荡的岩石

地球上的岩石根据形成原因的不同，可以分为岩浆岩、沉积岩和变质岩三大类。岩浆岩的含量最多，约为95%，沉积岩不足5%，剩下的就是变质岩。

岩浆岩是熔岩冷却后凝固而成的岩石。它们在地壳中含量最多，但通常深埋地下，所以并不常见。但在地球形成之初，到处都是岩浆冷却后形成的玄武岩，它们都是黑色的，所以，当你想象最初的地球时，只要把它想象成黑漆漆的世界就行。

地表最常见的岩石是沉积岩，它们是受到水、风等外力搬运、沉积并凝结成的岩石，里面通常藏着古生物的遗迹。

变质岩则是由原来的岩浆岩或是沉积岩转化而来的，前提是它们受到了地质环境的

■ 岩浆岩

■ 沉积岩

■ 变质岩

■ 岩石形成示意图

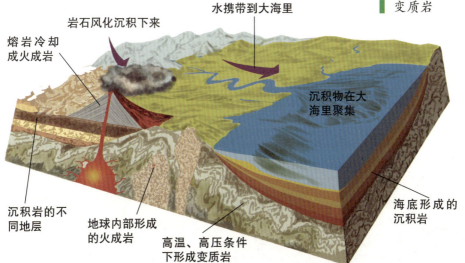

沉积物被风力和流水携带到大海里

岩石风化沉积下来

熔岩冷却成火成岩

沉积物在大海里聚集

沉积岩的不同地层

地球内部形成的火成岩

高温、高压条件下形成变质岩

海底形成的沉积岩

影响发生了质变。

地球上厚厚的岩石就像树木上的年轮一样，是一层一层累积起来的。它们从下往上，水平堆积。如果没有别的力量驱使，它们多半会一直水平积累下去。但地球内部有灼热的岩浆活动，地壳也会受到影响，表现在岩石上，就出现了褶皱和断层现象。

▌*褶皱现象*

当平整堆积的岩石发生弯曲时，所产生的便是褶皱现象。大规模的褶皱可蔓延数百千米范围，由此构成了绵延不绝的山系，比如亚洲的喜马拉雅山脉、欧洲的阿尔卑斯山脉。而坐落于美洲的科迪勒拉山系则是地球上最长的褶皱山系，绵延范围达到1.5万千米，整个美洲大陆西部，从

▌*地球上最长的褶皱山系——科迪勒拉山系*

地球有话说

地球太热了，碳排放量太大了，这些大家都知道，可是怎么减少碳排放呢？有地质学家打起了地幔岩石的主意。他们打算从空气中提取二氧化碳，将它们注入地幔岩石中，然后静待大自然的雨水和二氧化碳、岩石发生化学反应，生成新的矿物。他们把这叫作"岩石固碳"。真让人大开眼界！

南到北都能看到它的身影。

如果褶皱的岩层进一步受到地壳运动的压力或张力，超过岩层的承受能力，岩层就会发生断裂，就是断层。断层发生时，整个岩层沿着断裂面上升或是下降。断层发生后，当地的地表形态多表现为裂谷或陡崖，最有名的如东非大裂谷以及中国华山北坡陡崖。

断层现象

东非大裂谷

柔软的岩石

坚硬的岩石和松软的土壤看起来好像是八竿子打不着的两种事物，可事实上土壤正是从岩石演化而来的，只不过这个过程相当漫长。

地球最初是荒芜的岩石王国，在千万年的日晒、风吹雨打以及水、二氧化碳、氧气等物质的作用下，大块岩石分解出大量的小碎屑，在大量的腐殖质的帮助下，它们又变得黏而松散，富含氮、磷、钾等矿物质，形成了我们所见到的土壤。

在土壤形成的过程中，腐殖质是大功臣。腐殖质是碳、氢、氧、氮、磷、硫等元素的集合体，具有黏性，能够改变土壤性状，增加土壤的黏性。这有利于土壤吸附水分，使土壤变得疏松又通气，还能将松散的土粒黏结在一

■ 土壤是地球的皮肤，是地球生命的基石

起。此外，腐殖质还有吸热的功能，帮助土壤吸收阳光，提高温度，促进植物的生长发育，进而供养人类。

若是拿走土壤上面的作物，我们会发现土壤也不全是灰突突的，有黑色的、白色的、黄色的甚至红色的土壤。黑色的土壤是最肥沃的土壤，得来相当不容易。据测算，仅仅1厘米厚的黑土，就需要200~400年才能发育完成。

黑土是非常珍贵的资源，世界上仅有三大"黑土带"，分别位于中国的东北平原、欧洲的乌克兰平原及美国的密西西比河平原。地球孕育出这三块黑土带，至少用了2万年才成功，其珍贵不言而喻。

■ 肥沃的黑土

环保小·贴士

吸碳土壤

土壤不仅是人类的衣食之源，它还有吸收、存储碳的能力。因此，有科学家提出，发明一种"吸碳土壤"。具体方法是向土壤中加入硅酸钙，它可以和土壤中的二氧化碳发生反应，生成碳酸钙。碳酸钙无害，还能"锁定"二氧化碳，不让它们重返大气，以此降低空气中二氧化碳的含量，减缓全球变暖的趋势。

大气裹住地球

大气层的保护

在我们所了解的星球中，地球是最独特的一颗，她生机勃勃，魅力无穷。而这一切都源于"地球三宝"的馈赠——阳光、水和大气。充足的大气便是其中的重要一员。

地球诞生之初，宇宙还处在一片混乱嘈杂之中，到处都是气体尘埃云。在高温的驱使下，它们四处乱窜。直到温度慢慢下降后，气体尘埃云也跟着收缩。那时候的地球活像一个气团子，表面有气，内部也充满了气体。等到地球逐渐成形，有了地核，质量也不断增加的时候，它进化出一项神奇的技能：能够把大气吸引、笼络到自己的四周，还不让它们飞走。这期间，地球上火山喷发、地震接连不断，时不时还有"天外飞星"袭击地球，这使得地球内部的气体不断地被释放出来，游离到地球表面。这些气体结合到一起，组成了一层薄薄的大气层。

当然了，也不是所有的大气都老老实实地待在地球附近，有些获得自由的氢、氦等元素干脆逃离地球，进入了宇宙空间，好在氧、氮等分子一直很老实，它们源源不断地汇集到地球四周，共同构成了地球大气层。

环绕地球一周的大气层构成了至关重要的大气圈。从太空俯瞰，大气层闪耀着湛蓝的色泽。它们是地球的蓝色外衣，将地球与可怕的宇宙环境以及众多死寂的星球分割开来，为地球生灵提供源源不断的保护。

> 我们人类生活在地球大气的底部，并且一刻也离不开大气的保护

环保小·贴士

影响气候

大气除了能保护地球，还是影响气候的重要因素。科学家通过对南极冰芯的检测，发现在过去 42 万年间，大气中的微量气体，尤其是二氧化碳的含量与温度之间的联系极为紧密。可以说，二氧化碳占比升高时，气候是暖的；二氧化碳占比减少时，气候就是冷的。比如恐龙繁盛的白垩纪时期，大气中的二氧化碳浓度极高，那时候也是地球上著名的"温暖时期"。

圈层结构

如今笼罩在地球之外的大气层，总厚度约为3000千米。这个数据看起来很大，不过因为大多是气体的混合，它们的质量并不大，仅仅相当于地壳总质量的0.05%。

厚厚的大气层从下往上又可划分为对流层、平流层、中间层、热层和外层五个部分。

对流层是离我们最近的圈层，它从海平面延伸至18千米高空，占据了大气总量的80%。对流层上面受到太阳的照射，下面又受到地表地形的影响，活跃极了，雨雪雷电，花样百出。

▎大气层

平流层是从对流层顶到50千米的高空。这里空气没那么多，水汽和尘埃也少了很多，气流平稳，天气现象很少发生在这个部分。所以，飞机都在平流层中飞行。

中间层是从平流层顶到85千米的高空。这里大气负责吸收太阳的远紫外线和X射线，能将大气中的氧和氮分子分解为原子和离子状态。

热层是从中间层顶到500千米的高空。这里温度很高，活跃着数不清的电离子，是人类进行远距离无线电通信的良好场所。

至于500千米以外的高空，就是地球大气层向宇宙空间过渡的区域了。这里包含着两条辐射带和一个磁层，它们像一道隐形的屏障，为地球生物阻

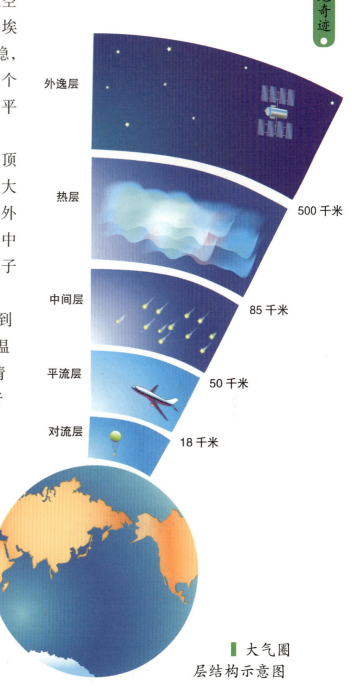

外逸层

热层

500千米

中间层

85千米

平流层

50千米

对流层

18千米

■ 大气圈
层结构示意图

地球有话说

　　对流层离人类最近，所以，它也跟人类一样，经常遭受空气污染之苦——雾霾、大量烟尘、有害气体、水汽凝结物都"堵"在对流层中无法散发，形成空气污染。每到那时，阳光和蓝天都消失了，人们只能在肮脏的"颗粒团"中艰难前行。

挡太阳风的致命袭击。

　　从成分上说，大气是一种混合物，氮、氧、氩、二氧化碳、其他微量元素的比例依次降低。不过你能想象吗？地球早期的大气跟现在有很大的区别。大气展现出如今的样子，也是经历了一番蜕变的。

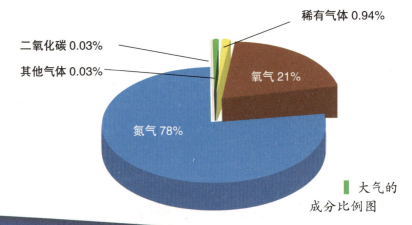

稀有气体 0.94%
二氧化碳 0.03%
其他气体 0.03%
氧气 21%
氮气 78%

■ 大气的成分比例图

地球的演化

漫长的演化

地球是由一团团星云尘埃转化而来，星云中充满了氢和氦，它们构成了最初的大气。这两种元素非常活跃，一经阳光照耀，就容易逃离地球，飘到外太空去。所以，那时候的地球还没有形成稳固的大气层。

等到地球具备了笼络住气体的能力后，新一代的大气层渐渐成型。那时候的气体多是从地球内部释放出来的。每一次的火山喷

大气层是地球的屏障

环保小·贴士

"有氧大屠杀"

　　这是地球演化史里极为突然而奇特的一页。大约26亿年前，大气中的氧含量骤然增加，达到3%左右，又经过10亿年的积累，大气含氧量逐渐接近如今的水平——21%左右。最初，氧气是一种毒气，能毒死很多早期"厌氧"生物。但那些经受氧气考验的生物活了下来，它们的生命力日渐旺盛，终于演化出今日世界。

　　发以及大地震荡，会将地球内部的气体和水分喷发到空中，日积月累，大气中充满了水、二氧化碳、一氧化碳、甲烷以及氨气。注意到了吗？我们现代人习以为常的氧气，在那个时候是不存在的。空气中没有氧，现代的人和动植物到了那个环境中都活不成。那么，氧气是怎么出现的呢？

▎太古代地热区，生命开始出现

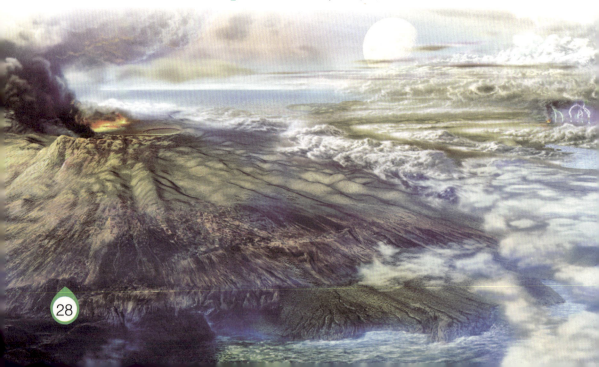

这是一个非常复杂而漫长的过程，事关最初的植物。这也是一个植物与氧气互相成就的过程。在互惠互利的过程中，地球上的植物也日渐丰茂，大气中氧气含量不断上升，最终氧气的含量远远超过二氧化碳，变得更加适宜生物存活，这也为更多生物的进化准备好了条件。

地球大气层在短短 2 亿年的时间里充满了氧气

氧气的增多，也导致了氮气的增多。因为生物不断繁衍，它们会排出氮元素。氮越积越多，也成了大气的主要组成元素。

植物促进氧和氮的不断增加，另一方面又导致二氧化碳不断减少，因为它们要不断地吸入二氧化碳才能活命。所以，植物越多，二氧化碳就越少，最终，大气演化成今天的样貌。

4 亿多年前，苔藓类地被植物在地球上迅速蔓延，成为地球首个稳定的氧气来源

生命保护伞

随着氧气在大气中的含量不断升高，大气层中又多了一种至关重要的宝物——臭氧。氧元素是一种非常活泼的元素，它有时候与其他元素结合形成化合物，如氧化铁（也就是俗称的"铁锈"），有时候又与同类的氧原子相结合。两个氧原子结合形成氧气，三个氧原子结合就形成了臭氧。

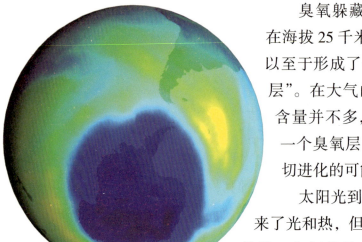
臭氧层空洞

臭氧躲藏在大气平流层中，在海拔 25 千米附近集聚得最多，以至于形成了一个有名的"臭氧层"。在大气的组成中，臭氧的含量并不多，但就是这薄薄的一个臭氧层，给地球带来了一切进化的可能。

太阳光到达地球，给地球带来了光和热，但也送来了强烈的紫外线。它们是导致地球生物死亡的一大杀手。以人体为例，过度的紫外线照射，轻则晒黑皮肤，重则引发皮肤病变乃至癌症等多种病症，还会损伤人眼功能。

强烈的紫外线不受地球的欢迎，但它们却是臭氧的"零食"。每当紫外线进入地球大气层时，臭氧便要将它们中最有害的一部分吞噬掉。臭氧层在人类诞生以前就已经开始保护地球了，这也是地球生命能够循序渐进地进化的有力保障。

臭氧层的这种保护作用直到今天仍在无声无息地进行

地球有话说

待在平流层中的臭氧是个"宝贝"，但要是它们"串门"到对流层中，并且大量聚集，就转而"危害"环境了。过量的臭氧会散发难闻的气味，还要杀伤生物，成为一种有害气体。对流层中的臭氧是哪来的呢？与人类的生产生活脱不开关系，工业废气、生活中的办公设备都会向环境中释放臭氧。

着，但臭氧不是取之不尽用之不竭的，它也会减少，进而出现可怕的臭氧层空洞。如果人类任由臭氧空洞持续扩大，必将给自身带来严重的灾难。

除了臭氧层，大气层本身也在默默地保护着地球。它们是太阳热量的"过滤器"。当太阳光热穿越大气层时，大气层中的水汽和尘埃会给太阳光开辟三种"通道"：吸收一部分、反射一部分、通过一部分。这样一来，到达地球的太阳光热就少了很多，地球表面就不会太热以至于影响地球生物的生存。这就是大气的"阳伞效应"。

▍阳伞效应示意图

突然爆发

轰动一时的实验

地球上的生命从何而来？这是很多人感到好奇却又说不太清的千古难题。目前，人们普遍相信一个事实：生命是从水里走出来的，从简单的无机物一点点进化为有机物，进而发育为原始的细胞，然后又逐步演化为复杂的多细胞生命体。说得再细致一些，生命就是从一个"温暖的小池塘"中诞生的。

为了验证这一说法，美国科学家斯坦利·米勒和哈罗德·尤里在1953年联合开展了一项著名的实验——米勒–尤里实验。他们在长颈玻璃瓶中模拟出一个原始的环境，里面装有热水（就像原始的温暖海洋那样），用另一个瓶子收集蒸发的水汽。同时，他们还向装有水蒸气的瓶子中释放氢气、甲烷和氨气，就像早期大气那样。此外，他们还时不时地向瓶中"大气"释放电火花，制造闪

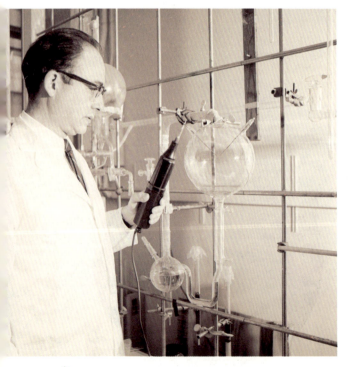

实验中的斯坦利·米勒

电。随后，他们开始等待。

经过一周的培育，到米勒等人再次观察时，果然发现了异常之处，瓶中竟然出现了粉红色的液体。经过检测，那正是生命必需的成分——氨基酸。氨基酸是一种有机物，也是构建生命细胞的关键物质。可光有它还远远算不上生命呢。

这个实验轰动一时，但并不算彻底成功。后来，很多人重复这个实验，并进行了创新，但结果大同小异，谁也没能创造出哪怕一个真正的细胞。他们得到的成果，不过是一些构成生命的材料而已。再说，原始环境谁也没有亲身经历过，一切都是推测，所以，生命到底是怎么产生的，依旧是一个"哑谜"。

可神奇的地方就在这儿，生命就那么突然地、蓬勃地出现在地球上了。

▌氨基酸分子模型

环保小·贴士

生命的跃迁

原始大气中二氧化碳的含量极高，这使得地球的温度"居高不下"；再加上大气中没有氧，所以，高级生命是无法出现的。但别忘了那些简单的菌类，它们夜以继日地吞噬二氧化碳，呼出氧气。这既降低了地球的温度，又为生命的跃迁创造了适宜的环境。

埃迪卡拉生物群

从生命诞生之初到现在已经过去了35亿年，这真是相当漫长的一段时间，不过这其中有30亿年的时间，生命是以单细胞的细菌及藻类的形式"潜伏"在水里的。

细菌和藻类是从哪一天开始转变为复杂的多细胞生物的，这没人说得清楚。但埃迪卡拉生物群为我们展现了已知最早的多细胞生物群像。

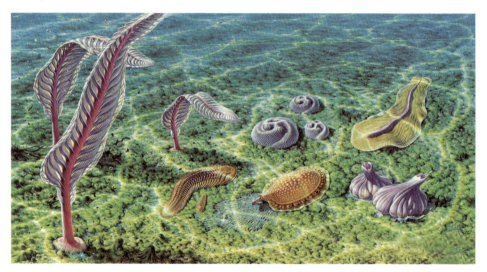

埃迪卡拉生物群（想象图）

一切始于1946年的一个傍晚，澳大利亚地质学家斯普里格正在岩石堆里寻找铀矿石。可他找来找去只发现了一些稀奇古怪的石块，上面布满深浅不一的凹纹。仔细查看一番后，斯普里格确定这些石块真不是一般的"稀奇古怪"，它们是远古生物化石。因为发现地点在澳大利亚的埃迪卡拉山区，他便将这些生物化石命名为"埃迪卡拉生物群"。

埃迪卡拉化石遗址考察

这是一群生活在 6.35 亿年前的生物，共生存了 8800 万年。它们生活在海中，形态多种多样，种类超过 100 种。它们有的像水母；有的像一片叶子；有的像小甲虫，还长着腿；有的像扁扁的节肢形的小虫子，体长可达 1 米，是当时的"巨无霸"生物。它们懒洋洋地待在海底，不"讲究"吃食，随便哪一种微生物都能喂饱它们。仅从这繁多的形态中，人们便能想象出当时的喧闹场景：有和平共生，也有弱肉强食，正如如今的生物圈所展现的那样。

大部分的埃迪卡拉动物是一些不能动的球、盘、叶状体，和以后的动物没有什么关系

生长在海底的埃迪卡拉动物查恩盘虫

狄尔逊水母是埃迪卡拉生物群的一部分

地球有话说

据"我"所知，到6.35亿年前，冰川逐渐退去，海洋变得温暖起来。埃迪卡拉生物就生活在这样的环境中。它们是非常低级的生物，不会运动，也谈不上适应能力。因此，虽然它们看起来种群庞大，但环境一旦发生突变，或者出现了更强大的"猎食者"时，它们立马就成了牺牲品。

因为这一伟大的发现，科学家干脆把这段时期命名为"埃迪卡拉纪"。除了澳大利亚，世界各地陆续发现了很多埃迪卡拉生物群。中国的古生物学家们曾在三峡地区发现过埃迪卡拉纪生物群的踪迹，生物的外形同样令人称奇。

不过埃迪卡拉生物群终究不如随后而来的"寒武纪大爆发"那样有名。在接下来的5000万年中，一幅更热闹的生命图卷即将展开。

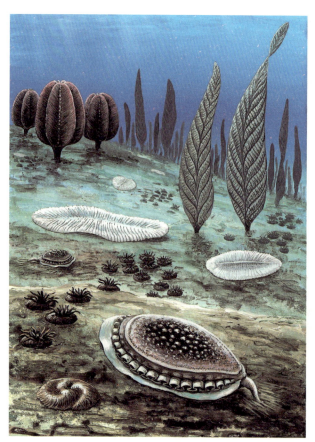

绝大部分的埃迪卡拉生物都没有熬到接下来的寒武纪

寒武纪大爆发

5.45 亿年前到 4.95 亿年前，称为寒武纪。那时候，埃迪卡拉生物群早已不见踪影，它们匆匆到来，又匆匆灭绝。地球舞台开始了全新的演出，更多的生物演员登场了。这是一个被称为"寒武纪大爆发"的时代。

寒武纪时期生物的集中出现被称为"爆发"，是因为它们是在 2000 万年的时间内突然出现的，但科学家们却没有发现它们的先祖化石。就像不约而同地集体亮相，节肢动物、腕足动物、蠕形动物、海绵等一众生物的先祖悉数登场，共同演奏了一曲生命大繁荣之歌。

▌寒武纪海洋

伯吉斯山的伯吉斯页岩

关于寒武纪大爆发的发现，有一个有趣的小插曲。1909年，美国化石收藏家沃尔科特在加拿大游历时，曾多次牵着一头骡子走上落基山脉。有一回，那骡子忽然脚底打滑——原来是脚上的铁脚掌脱落了。骡子脚底打滑，无意中掀翻了一块黝黑锃亮的页岩。沃尔科特在检查骡子铁掌时，用余光看到那块黑色页岩上闪现出的线条轮廓。他将那块页岩捡了起来，惊异地发现那上面竟布满了扁平的化石群组——正是生活在寒武纪的众多生物。

那座山叫伯吉斯山，那块岩石就被命名为伯吉斯页岩。在沃尔科特的不懈努力下，他一共收集了140多种生物的6000多件化石。

地球有话说

在人类还未出现时，"我"早已经历过多次生命的蓬勃和凋谢。无论是生命爆发还是生命凋谢，都与环境息息相关。适宜的环境促进生物兴起和繁衍，而恐怖的环境则扼杀地球生灵。让环境变得恐怖的原因有很多，板块运动造成全球气候变化、小行星撞地球、超新星爆炸释放 γ 射线击中地球、地核熔岩泄漏、有毒物质进入海洋……太多了，每一次大破坏、大灭绝都是惨痛的回忆。

关于寒武纪大爆发的原因，科学家有很多猜想。其中最为人所接受的一种与氧气的突然增加有关。在原始藻类遍布的地球上，呼吸作用一刻不停，氧元素便不断增多，随后臭氧层也出现了，多细胞生物迎来了辉煌，各种生物便层出不穷。

■ 寒武纪大爆发

第二章　绿意盎然

回首地球之初曾被多种颜色所包裹，有时是黑色，有时是蓝色，后来又有灰色、红色、白色等多种颜色轮番"上阵"。不管哪种颜色，它们给地球带来的都是荒凉与灰暗的基调。那么，绿色是如何"冲破"单调、"占领"地球的呢？而动物又是如何扬长避短，借助植物的力量，开启崛起之路的呢？地球演化的历程中，又有哪些值得我们注意的灭绝者与活化石呢？

绿色的进攻

第一抹绿

绿色是地球上最富于生机和活力的颜色，各种植被，如森林、草原、灌木丛乃至农作物，无不与绿色相关，它们给人类足够多的安全感。但是你知道吗？在地球荒芜的演化岁月里，地球曾被多种颜色覆盖，比如黑色（玄武岩大地）、蓝色（海洋世界）、灰色（花岗岩的颜色）、红色（氧化铁的颜色）、白色（冰冻时期），唯独没有绿色。绿色从出现到占领全球，还要感谢植物祖先的不懈努力。

25亿~30亿年前的地球环境极为糟糕，没有氧，更别提臭氧了，紫外线横冲直撞，所以最早的生命是一些苟活

▌ 32亿年前，海洋覆盖了整个地球，那时生命还没有出现

于水下的紫色细菌。水对它们的存活具有重要意义——是它们生存的必需品，又不耽误它们品味阳光，还能替它们阻挡紫外线。渐渐地，一些细菌开始进化，转变为绿色，它们毫不起眼，但却是地球上的第一抹绿色，也是地球上所有植物的老祖宗。

蓝绿菌还进化出一种功能，吞食下的阳光转头就被它们以氧的形式"吐"出去。蓝绿菌无穷无尽，"吞吐"的过程也一刻不停，大气中的氧便越积越多，臭氧层也渐渐成型，紫外线的杀伤力大大降低。蓝绿菌无意识地活动，为自己的生命历程迎来了第一次转机——向陆地进军。

万事开头难。植物要想真的脱离水源，来到陌生的陆地上生活，要克服的困难非常多。但在4亿多年前，一些"不安分"的植物还是勇敢地迈出了第一步。它们是一些没有根也没有叶的矮小蕨类，身上的关键器官

26亿年前，当时地球上一种叫蓝绿菌的早期生命演化出了光合作用

在石炭纪和二叠纪最占优势的植物类群是蕨类植物，这是由于它们已经基本具备了维管束、木质素（上图蓝色部分）与纤维素的特征，所以才成为地球上植被的主角

▌4亿年前的植物化石。这种已经灭绝的植物可能属于草本巴里诺植物，生活在苔藓覆盖地面的时期，最后才变成森林

就是短茎，顶端呈现圆形。它们是先驱者，但并不莽撞，只在水边的陆地上一点点试探。那时候的河畔或海边，应该有不少先驱者的身影。

可"先驱者们"还想探索更广阔的陆地世界，该怎么办呢？植物自有高招。

氧气增加是好事吗？不一定。"我"就经历过氧气骤增引起的麻烦。因为氧气多了，温室气体（如二氧化碳）就要减少，全球气温随之下降——地球的冰期到了。那长达数亿年的冰期把地球上的一切都"冻僵"了。

地球有话说

绝妙的工具

　　无论是现代植物还是早期植物，都具有一个共性——离不了水。所以植物要想进一步扩大陆地生存范围，必须解决水源的问题。强烈的渴望促使植物进化出了吸水利器——根。

　　4 亿年前，最早的生根植物出现了。它们一边吸水，一边瓦解岩石，促进岩石颗粒转变为土壤，使土壤成为它们的蓄水池。

　　除了水，植物还得随时吸收二氧化碳，那是它们的食物。可有一段时间，空气中的二氧化碳非常少。每一株植物都在拼命争抢那稀薄的二氧化碳。一些聪明的植物开动脑筋，开始改变自己的结构——在茎上拓展出叶子。叶子大大地增加了植物的表面积，叶子背面藏着数不清的气孔，它们一开一合，专门负责吸收二氧化碳。茂密的叶子团团簇簇，使得蕨类植物的外形也跟着发生了变化，形成斗篷状。

　　地球寂静无边，但抢夺二氧化碳

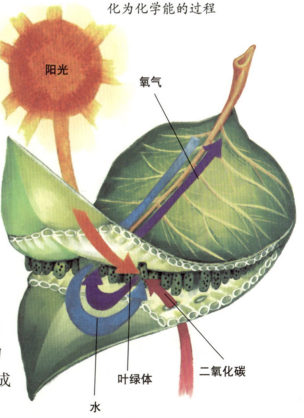

■ 光合作用是植物和其他生物将光能转化为化学能的过程

阳光

氧气

叶绿体

二氧化碳

水

■ 石炭纪的森林，石炭纪是植物世界大繁盛的代表时期

和阳光的竞赛时刻都在进行着。每一株都拼命生长，不断拔高自己，以使自己成为离太阳最近的那一株。到3亿年前，拼命长高的植物集合在一起，构成了最早的森林。它们生活在热带的沼泽地带，漫无边际，即使在太空也看得到。这是地球上第一次被广袤的深绿所包围。

环保小·贴士

过犹不及

植物的生长离不开适宜的温度，但过高的温度对植物来说则是一种灾害。高温会抑制植物的光合作用，植物得不到足够的能量，但消耗过程却一刻不停，时间长了，植物也会因饥饿而死亡。高温也会导致植物缺水，影响植物发育及结果，造成颗粒无收的可怕景象。所以，全球高温又会影响粮食安全。

当叶子和森林成为陆地上司空见惯的事物时，它们也开始遭遇危机：远古"素食"动物，如腕龙、三角龙，就把猎食的目光转向了植物鲜嫩的叶子。这是来自另一个强大物种的攻击，植物无法逃跑，只得就地想办法。

这一回，植物又在叶子上做起了"手脚"，进化出钢针或是铁钉一样的叶子，恐吓、刺痛动物，如史前松树；或是在叶片中"掺加"毒素，毒死动物，如苏铁。

地球有了森林，也有了绿色，但植物自身的进化远未停止，它们对地球的塑造也远未停止。

▌三叠纪是爬行动物和裸子植物崛起的时期

花花草草的世界

植物一刻不停地武装着自己，但它们也得为后代着想，要进攻大陆，就得加强繁殖能力，让自己的后代以更方便的方式走遍世界。

早期的植物要想繁殖后代，都少不了自然力量的辅助，比如蕨类植物和针叶植物分别用水和风传播自己的生殖细胞，以便繁衍下去。要是没了水也没了风，事情就会变得很麻烦。

但1.4亿年前的一次偶然事故，改变了一切。有一株植物不声不响地"发明"了一种新的繁殖方法——开花。绿色世界忽然闯入了一片巴掌大小的白色。这片白色是由叶子变异而来。有了花，植物便拥有了更简单的传粉方式。

小甲虫也许会被花朵的颜色吸引，它们爬入小花之中，

▌这是世界上最古老的开花植物化石（左），模拟图展示了它在大约1.74亿年前的样子（右）

▌蜜蜂在花蕊间忙碌着，帮助植物授粉

爬走时带走一身花粉。当小甲虫爬到另一株植物上时，花粉也被抖落在那里，一次传粉过程就此完成。这种昆虫传粉的方式促进了花的繁盛。

有了这种繁殖方式，植物的生命力变得更加顽强，还能传播得更远。有了花朵，植物成熟得更快了，几个月就能繁衍出新的一代。植物尝到甜头后，又进化出五彩缤纷的色泽，以此吸引昆虫的光顾。昆虫也很机灵，它们会按颜色将花粉传播到与之配对的花朵上。

为了奖励昆虫，花朵又无偿地贡献出自己体内的蜜糖——花蜜，供昆虫享用。为了抵御旱季和一些不确定的灾难，植物又进化

地球有话说

小草是实实在在的环保"卫士"。它们吸收二氧化碳，连有害气体也一并吸入，然后吐出干净的氧气，帮助人们净化空气。不仅如此，小草还在默默吸收噪声，给人们提供一个安静的环境。小草在生态方面还有很大的益处，人类一定要好好保护它们。

出另外的本领——结出果实和种子。果实吸引动物，避免它们误食花朵，随后，动物还能将种子排泄到地上，促进植物的繁殖。

此时，森林茂密、鲜花盛放，但它们并不是世界的统治者，真正的统治者要等到最后才登场。它们就是不起眼的草本植物。到6600万年前的时候，首批草本植物呼啦啦地占据了地球。植物多了，雨水也跟着多了，地球变得更加湿润了，生存的大舞台这才算搭建完成。

200万年前的天南星森林图

绿色工厂

　　植物生长过程中，光合作用是必不可少的环节，它为植物的生命注入活力，同时也塑造了今日的地球。

　　植物体内含有一种名为叶绿素的细胞，当它们吸收阳光后，便开动起来，将植物吸入的二氧化碳和水转化为葡萄糖和氧气。葡萄糖存储在植物体内，氧气作为一种废物排放到周围环境里。这是光合作用的主要过程。

　　光合作用的产物都是宝贝，糖分能供养植物自身，还能供养动物；氧气则是动物呼吸的必需品。得到滋养的植物和动物装点了绿色

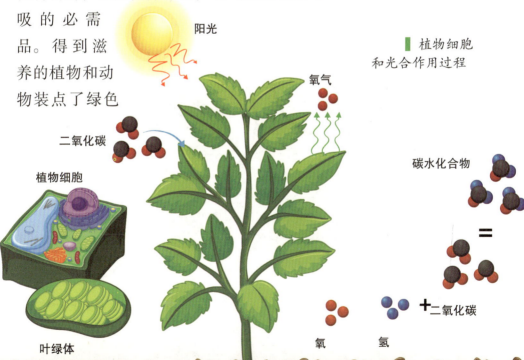

■ 植物细胞和光合作用过程

阳光

氧气

二氧化碳

植物细胞

碳水化合物

叶绿体

氧　　氢

＋二氧化碳

水

地球，动物消耗不了的氧气则进入更广阔的世界中，从更高的层面上塑造地球。

植物光合作用消耗二氧化碳，使得大气中二氧化碳的含量逐渐降低，而不断增多的氧气恰好填补了这一空缺。氧气能扫除大气中的阴霾与灰尘，使天空逐渐清澈。臭氧层的诞生又能阻挡紫外线对地球的进攻。

要是没有光合作用，地球将是另外一副面貌：任由紫外线进入地球，海洋中的水分子会不断地分解为氢气和氧气。氢气不断逃向外太空；而氧气则与岩石中的铁元素反应，产生大量红色的氧化铁，使地球表面变得处处是"疮疤"。至于海洋则会被慢慢地消解掉，地球上就不会有蔚蓝

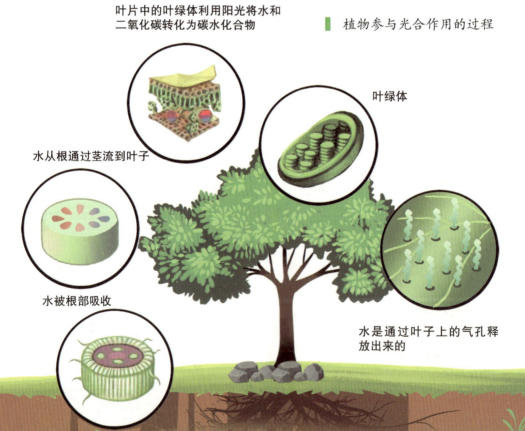

叶片中的叶绿体利用阳光将水和二氧化碳转化为碳水化合物

植物参与光合作用的过程

叶绿体

水从根通过茎流到叶子

水被根部吸收

水是通过叶子上的气孔释放出来的

▌叶子是进行
光合作用的场所

的大海了。虽然紫外线分解海水时也能产生氧气，但还不足以形成臭氧层。

没有光合作用，没有氧气，地球将永远陷于荒芜，没有转机，也不会有蓬勃的绿色奇观，更不会有今日之繁荣。所以，我们称赞光合作用为"伟大的绿色工厂"，是一点也不夸张的。

环保小·贴士

疯狂加速

叶绿素的多少影响着光合作用的速度。对于初生的嫩叶来说，叶绿素少，光合作用也不那么明显；但随着叶子不断成长，叶绿素不断增加，光合作用也开启了"疯狂加速"模式。

动物崛起

动物之路

32亿年以前，地球上已经出现了最早的单细胞生物。这是地球生命的第一次飞跃，此后，它们开始分化，一支进化为植物，另一支则走上了艰难而漫长的动物之路。

我们知道，植物可以吸收二氧化碳，然后呼出氧气；而动物恰恰相反。所以，它们要以低等的原生动物形式在海里忍耐一阵子，等待着植物先行进化，然后再来强大自己。不过此时的细胞仍是一个完整的生命体，能进行新陈代谢，会运动也会繁殖，只是没有明显的器官，是一群单枪匹马闯荡地球的微小家伙。

为了壮大声势，这些单细胞生物学会了合作，团结起来，形成了多细胞动物。那时候最常见的便是拥有两层细

5亿年前的海洋已十分热闹

胞的海绵以及腔肠动物水母。接着具有三层细胞的动物出现了，它们开始进化出各种组织器官，感觉器官更加灵敏，神经系统开始发育，整个生命体都变得更加灵活，还具有储藏养分的能力，这为它们进军陆地做好了准备。

后来，三层细胞动物的一支进化为脊索动物，另一支进化为节肢动物。脊索动物包括后来的人类，而节肢动物则包括原始的三叶虫以及后来的蟋蟀、蚯蚓等多个类别。

到5亿年前，海洋已经是一个热闹的"大家庭"了，乌贼、海星、牡蛎……其乐融融。不过这时候最大的亮点出现在鱼的身上。一些发育出肺的鱼迫不及待地想要登上陆地看一看，这些鱼便成了最早的两栖动物。

在晚石炭世（距今3.2亿年），植物的根系使它们能够生长得更大并向内陆移动。环境在树冠下演化。随着植物在陆地上的传播，大气中的氧气增加。早期的爬行动物已经进化，巨型昆虫也多样化了。图中的小蜥蜴只有40厘米长，是爬行动物，也是已知的最早的蜥蜴

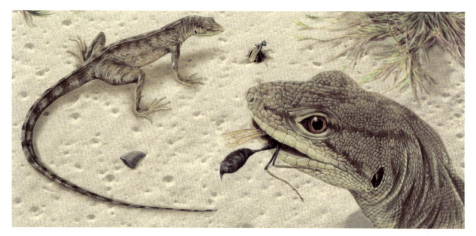

古生物学家在蒙大拿州的大量化石中发现了一些意想不到的东西——恐龙时代晚期的新种的蜥蜴

在逐渐适应陆地环境的过程中，这些两栖动物发育出强有力的脊椎骨和健壮的肢体，四肢和脚也越来越灵活。只是当繁殖季节到来时，这些两栖动物还得回到水边才行。

为了减少麻烦，也为应对突发的干旱，两栖动物没少在繁殖方面下功夫，终于琢磨出一个新办法：卵生，也就是下蛋。这些会下蛋的动物就成了最早的爬行动物。此刻距今仅有 3 亿年左右，一个动物大兴旺的时代即将来临。

环保小·贴士

加速衰老

青蛙和蟾蜍是两栖动物家族的代表，但在全球变暖的形势下，青蛙和蟾蜍正面临着加速衰老的问题。高温会干扰两栖动物的代谢过程，加速它们的衰老。加速衰老意味着加速死亡，而过多的死亡会导致种族灭绝。目前，已有超过 38500 个物种濒临灭亡，其中两栖动物占了 41%。一旦这个延续了数亿年的家族灭绝殆尽，整个生态系统必将会遭遇一场巨大的危机。

恐龙时代

最初的爬行动物代表是一些小蜥蜴。进入中生代以后，爬行动物进入了辉煌期，终于进化出名气最大的物种——恐龙。它们将是此后 1.7 亿年间的陆地霸主。

恐龙一词出现于 1842 年，英国古生物学家理查德·欧文从两个希腊词语中合成"恐龙"一词，意为"恐怖的蜥蜴"。 世界上第一枚恐龙骨头化石属于一只禽龙。人们从它巨大的牙齿上推断，那家伙有超过 18 米的体长。敏锐的人立刻觉察出一个事实，地球必定被一种如今已经灭绝的庞大生物统治过。一场"狩猎"恐龙化石的行动开始了。

▍繁盛的恐龙时代

57

为恐龙命名的理查德·欧文像

随着成千上万枚恐龙化石的问世，人们渐渐还原出一个恐龙时代。

恐龙生于陆地，有朝后的肘部和朝前的膝盖。它们的腰身灵活，方便两脚行走。大多数恐龙有健硕的体格，平均体重可达850千克。这是一个令现代哺乳动物望尘莫及的数字，因为把全部现代哺乳动物的体重加在一起，再除以它们的数量的话，结果仅有863克而已。

在恐龙横行的年代，地球的泛古陆还没有分裂，它们凭借庞大的体格走南闯北，霸占一方。腿长在身体之下，这样的体型具有进化的优势，它们能长得更大，走起路来也更加灵活平稳。

恐龙生活场景

地球有话说

恐龙灭亡是最有名的史前生态危机大事件。科学家认为那次危机是由小行星撞击地球所引发的。当时，整个墨西哥湾上空被厚厚的扬尘"包裹"着，不见天日。到处都是火光，空气变成了毒气，植物、动物相继死去。海啸与火山喷发交替不断，海水也被高温蒸发掉。整个环境糟糕透顶，仿佛随时都要爆炸一般。

恐龙群体各成一派，有的爱吃肉，以小型恐龙或其他动物为食；有的爱吃素，枝叶就能喂饱它们。为了谋生，恐龙各有依靠，有的依靠利爪和速度，如肉食性的霸王龙。那些被捕食的恐龙也有自己的高招，拼命增高增重，吓走不知情的同类，比如重 11 吨的梁龙；或者干脆进化出锋利的匕首一般的拇指，也能抵挡一阵，如禽龙。当然也有会飞的翼龙，成为天空的统治者。

我们可以想象恐龙时代的生活图景，有温情也有残暴，就像如今的动物世界一样。但一切终有尽时，6500 万年前，一颗小行星不请而来。时代霸主恐龙以及一些海洋爬行动物，忽然烟消云散。

有些科学家估计，由于一颗小行星撞击地球引起了火山喷发、地震，最后引起气候恶化造成恐龙集体消失

灵活的小家伙

恐龙消失后，地球舞台过了一阵暗淡无光的日子，但它并没有沉寂多久，另一群灵活的小家伙便登台了。它们就是曾躲在阴暗边缘地带的哺乳动物。

那时候的哺乳动物个头不大，类似松鼠大小。它们白天躲在阴暗的洞穴中，只有夜间才钻出来觅食。闹饥荒的时候，它们也对昆虫下手。那时候的哺乳动物早已学会了下崽。若是还保留着下蛋的习性，那它们的蛋根本等不到破壳的时候就被恐龙一口吞了。为了养育幼崽，它们用乳汁哺育后代。身上长毛，能保暖。说到底，这些能力都是为了适应阴暗的地道，保证族群的安全繁衍。

当外界的阴霾散去，哺乳动物重返地表的时候，忽然发现世界变了，恃强凌弱的大家伙没影了，属于哺乳动物的时代终于来临。

▎第一批在陆地上行走的动物被称为四足动物

在接下来的 300 万年里，曾经胆小卑微的鼠辈忽然转变食性，大口吃肉了。有了肉，它们的个头也大了起来。各种各样的哺乳动物成群结队地游荡在地球上。森林里有鹿、野猪、熊、熊猫、猴子和猿；草原上，猪、马、牛、羊屡见不鲜；地洞里也有居民，兔子、獾、老鼠在那里安家落户。沼泽、沙漠、大海、天空，到处都是哺乳动物的舞台。

哺乳动物中进化得最成功的一类是猿类，它们有着高度发达的大脑，还能目视前方，尾巴早已退化，前后肢也发展出各自的功能，后肢专门用于直立行走，遇到紧急情况，还能挺直身子瞭望一番。很明显，这群群居的家伙有着不可限量的未来，它们早晚要分化、创造出人类的世界。

动物的意义

根据动物学家的估计，地球上大约有180万种动物。这是一个庞大的群体，是生物中的一个主要类群，都属于动物界。

算起来，其他动物的历史要比人类的历史长久得多，它们的祖先是地球演变的见证者和参与者。从它们诞生到繁衍至今，它们一刻不停地与地球以及地球上的其他事物打着交道。

最初，地球上没有土壤，当自然力量将岩石风化、分割为岩石粒后，它们便不能发挥更大的作用了。细碎的岩石粒要想进一步分解、转变为富含营养的土壤，就得请植

▋ 生活在大冰期的哺乳动物进食的场景

物以及一些小动物来帮忙了。一些小甲虫、小昆虫以及一些真菌十分主动地"承担"起这项工作，它们与植物一起，将植物的落叶或是腐烂的木头收集起来，再把它们变成营养，为土壤增加肥力，使其达到"化作春泥更护花"的神奇效应。它们是大自然中的第一批"园丁"。

动物服务地球，也从环境中获取食物和能量。动物通常以更低一级的生物为食，这在无形中控制了"低等"生物的数量，使它们不至于过度繁殖，进而破坏自然的生态平衡。生物间环环相扣的猎食关系，既促进了能量的流动，也在维护着生态的平衡。

在植物那一节中，我们已经知道植物家族的兴旺少不了动物传粉的功劳。可以说，动物也在间接情况下为地球贡献了绿色。

至于蚂蚁、屎壳郎等生物则是动物界有名的

■ 食物链示意图

■ 屎壳郎是名副其实的"地球清道夫"

■ 蚯蚓被生物学家达尔文称为"地球上最有价值的动物"

清道夫，专门做清理排泄物的工作。这是肮脏的工作，但意义重大，可以避免细菌滋生，保护动物乃至人类免受瘟疫的侵害。

　　动物的存在无论对于地球还是人类来说都有着重大的意义，而不仅仅是一种点缀或作为人类"猎物"的功能而存在。人类要懂得尊重动物的生存权利，与动物和谐共处。

　　你知道吗？动物之中也会出现"环保"行为，而且是它们与生俱来的本领。大象、大猩猩等动物在临死之前，会找一个远离族群的地方将自己"埋葬"。这样做能减少病菌的传播，保护其他同伴的生存环境。而蜜蜂虽然不会把自己"埋葬"在荒野，但它们会把自己的"尸体"藏于蜂蜡之中，以防止病菌流入整个族群。看来动物也明白，良好环境对于族群繁衍的重要性。

地球有话说

地球物种知多少

地球从一片荒芜发展为今日的欣欣向荣，功劳离不开任何一个曾在地球上活跃过的生命。那么，地球从古至今一共生活过多少种生物呢？

在林奈所创立的生物分类系统和命名法的帮助下，人类对生物世界的认识变得更加清晰和有序。目前，被人类记录下来的生物总数约为180万种，但这并不是全部，估计有0.1亿~1亿种生物尚未被标记。所以，"地球上究竟有多少个物种"，谁也不能提供一个明确的数字。

难点之一在于那些"小个头"的家伙。比如某些昆虫或细菌等微生物，人们发现它们就很难了，更别提深入观察和细致分类了，而它们的数量偏偏多得无法估量。另外，在传统分类学中，人们对南半球物种的熟悉程度远不如北半球。南半球的某些物种看起来很像，可基因的差别却不是一星半点，这又给物种估量加大了难度。

卡尔·冯·林奈

不过在这方面仍有一个好消息：科学家们早在20世纪80年代便开始了一项计划——构建"生命之树"。这项计划的目标是记录地球上的所有物种和重要的进化分支，从而明确演进过程。如今，"生命之树"项目取得了重要进展，除了记录物种的形态特征，还发展出一门交叉学科，加深了人类对地球生命的认知程度。

灭绝者与活化石

大加速

地球上的物种并不是一成不变的，有诞生和演化，也有死亡和灭绝。从古至今，地球生物大灭绝的悲剧已经上演过 5 次之多，其中最有名的一次发生在 6500 万年前，名为白垩纪大灭绝，地球霸主恐龙及其他一些物种从地球上彻底消失。

这种自然灭绝是令人惋惜的，但也是无法改变的。可到了人类为主宰的时代后，尤其是进入 17 世纪至今的几百年间，随着人类"势力"的飞速扩张，植物、动物的灭绝进入了一个新的"加速"时期。

▌最严重的大灭绝发生在大约 2.52 亿年前。地球上大约四分之三的生命和海洋中大约 95% 的生命在几千年内消失了

渡渡鸟

　　据科研人员调查，自从林奈的《植物种志》出版以来的 260 多年间，至少有 571 种植物物种消失不见，同时有超过 300 种动物灭绝于世。

　　最广为人知的灭绝故事来自渡渡鸟。渡渡鸟又叫毛里求斯多多鸟、愚鸠，是印度洋毛里求斯岛上的特有物种。名字中的"愚"暗示了渡渡鸟的特性——蠢笨，不会飞。

　　渡渡鸟的快乐生活止于 16 世纪，当最早的西方殖民者进入毛里求斯后，他们发现海滩上到处都是成群的渡渡鸟，嘴里不住地发出"渡渡"的叫声。随后，他们又品尝到肥硕的渡渡鸟的美味，并且极易捕猎——因为它们没有天敌，早已退去了飞翔的本领……

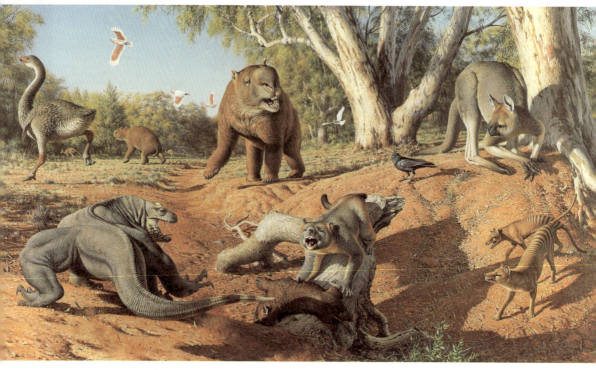

▌澳大利亚一系列现已灭绝的巨型动物群，在人类首次抵达澳大利亚时就已存在

1681 年，最后一只渡渡鸟死于欧洲殖民者的枪口之下，从此地球上再无渡渡鸟，这距离它们被发现的那天还不足 200 年。如今，想要缅怀渡渡鸟的人，只能走进博物馆里一探究竟了。

你或许认为动物灭绝这种惨剧不会在 21 世纪上演了。因为人们早已意识到生物多样性对人类的重要意义。可我要告诉你，这种惨剧并未绝迹。就在 2000 年时，一种名为斯皮克斯金刚鹦鹉的漂亮物种（野生种）就因为人类的捕捉而灭绝了。更要命的是，这并非个例。物种灭绝仍在"加速中"……

地球有话说

消逝的动物

灭绝动物名单又厚又长，其中的每一个名字都代表着一个令人扼腕叹息的惨剧。渡渡鸟的遭遇不过是这一出无尽悲剧的开篇而已……

在新几内亚的热带雨林、澳大利亚的草原地带以及塔斯马尼亚岛上，曾生活着一种体形瘦长、脸似狐狸的动物，名为袋狼。袋狼的嘴巴很大，能张开至180°。但这些与它身上奇特的"口袋"相比，似乎不值一提。雌性袋狼身上藏着一个不太明显的育儿袋，是新生袋狼的"安乐窝"。

已经灭绝的巨犀（复原图）

平时，袋狼潜伏在密林枝叶间，发现猎物便会突然跃起，跳到猎物背上，并张开血盆大口，猎物的头颅会在顷刻之间变成碎骨。袋狼身上有条纹，看起来像虎，所以，它们也被叫作塔斯马尼亚虎。

牧民以为袋狼以羊为猎物，使得袋狼遭到了牧民的痛恨。他们不管三七二十一，大肆扑杀袋狼，竟将整个袋狼族群扑杀殆尽。这时候，澳大利亚当局才发现，澳洲野狗才是猎羊事件的"元凶"，他们紧急保护袋狼，

但为时已晚。直到 1936 年，最后一只被保护起来的袋狼死于暴晒，整个族群便就此灭绝。

袋狼灭绝，给澳大利亚的生态环境带来一连串的厄运，食草动物大肆泛滥，牧草被啃食一空，畜牧业遭遇灭顶之灾。此时，人们才开始怀念袋狼，但袋狼已成为传说。继续翻看灭绝动物名单，下面这些动物的名字将一一浮现：

平塔岛象龟，生活在南美洲国家厄瓜多尔的平塔岛上，以仙人掌和多种水果、草叶为食，行动缓慢。自从它们成了远洋水手的"美味"后，种族数量骤降。1971 年，世界上唯一一只平塔岛象龟"孤独乔治"被美国动物学家发现。2012 年，"孤独乔治"被确认死亡。

至于加勒比僧海豹、金蟾蜍、爪哇虎的灭绝故事，多半大同小异，不必一一赘述……

▌袋狼

世界上唯一一只平塔岛象龟"孤独乔治"于 2012 年被确认死亡

不断消失的植物

植物的命运并未好于动物，甚至比动物更惨。自 1900 年以来，每年消失的种子植物数量将近 3 种。这个速度是植物自然灭绝速度的 500 倍。之所以有这样惊人的速度，首要原因是人类活动。

灭绝植物的数量远超过动物，别具意味的是，动植物灭绝的地理位置有着惊人的一

环保小·贴士

第六次物种大灭绝

人类正处于第六次物种大灭绝时期，这是不争的事实。有科学家预测，到 2100 年，海洋中的碳总量超过"灾难临界值"，第六次生物大灭绝将正式上演，海洋物种将退出历史舞台。科学家还警告各界：如果不赶快采取保护性措施的话，世界将会进入"未知状态"。

致性。以岛屿为家的物种天性脆弱，一旦受到外来打击，必将是致命的。以夏威夷岛为例，那里的物种灭绝速度堪称世界之最，至少有 79 个物种消失不见。其次为巴西、澳大利亚等地。

圣赫勒拿岛是大西洋中的一个小岛，隶属于英国。这个岛屿曾是法兰西第一帝国皇帝拿破仑的流放地，也曾被英国生物学家达尔文称赞为"物种的天堂"。这里生活着很多独特的动植物物种，还有几十种独居于此的植物——比如圣赫勒拿橄榄树。

▌圣赫勒拿橄榄树

圣赫勒拿橄榄树的名字中虽然有"橄榄"二字，但它和橄榄毫无关系，它属于红杉的一种。1994 年，最后一株野生圣赫勒拿橄榄树枯萎死亡。2003 年，最后一株人工培植的圣赫勒拿橄榄树死亡，宣告该物种彻底灭绝。

导致物种灭绝的原因有很多，有自然的和人为的因素，但人类活动通常为首要原因。物种灭绝带来的后果是灾难性的，会一步步传导到人类自身。

▌圣赫勒拿岛一隅

地球有话说

有些植物对环境有着极其敏锐的感知力，被叫作大气污染检测植物。利用植物检测环境，方法非常简单，只要观察它们的外观就能判断，如叶片上的坏死伤斑、植物发育不良、缺少绿色等等，都可能暗示着它们正遭受环境污染之苦。

目前，世界各国已经开始采取补救措施，建立国家保护制度等多种制度，以保护生物多样性，维持地球生态平衡。

活化石

物种灭绝使人们意识到地球现存物种的可贵，而那些经历过地球沧桑的孑遗生物便成为地球的宝物，因为它们是人类认识地球的"活化石"。

银杏、水杉、大熊猫、中华鲟等物种是世界公认的珍稀活化石。

银杏又名白果树，也有人叫它公孙树。因为银杏生长速度极慢，一棵小树苗要想开花结果大约得等待20年，如果从当祖父时开始种植，得等到孙子成年才能收获果实，所以得名"公孙树"。

银杏的祖先生活在二亿七千多万年前，是当时地球上的高等植物，曾与恐龙共享同

银杏树

■ 银杏

■ 水杉

■ 中华鲟

一片天空。在恐龙灭绝事件中，绝大部分地区的银杏也跟着灭绝了，只有生长在中国的某些银杏幸运地逃过劫难，一直存活到今日，成为当之无愧的"活化石"。

银杏树俊美挺拔，叶片玲珑，不仅能供人观赏，还能为人提供药用价值。

水杉的树姿同样高大优美，枝繁叶茂，叶色变幻多彩，是优良的材料，同样属于珍稀名贵植物，是我国一级保护植物。

动物"活化石"中名气最大的便是我国特有的大熊猫。大熊猫是一种古老的物种，已经有800多万年的生存史，远远超过人类的历史。大熊猫曾广泛地分布于中国的南部、中部、西部等多个地区，与熊猫同时活跃的动物还有剑齿象、剑齿虎等。但在气候波动的过程中，这些生物全都灭绝了，只有大熊猫生存下来。

如今，大熊猫只生活在中国西南等地的山区中，数量稀少，以竹子为食。大熊猫外形可爱，不仅是我国的"国宝"，也深受世界各国人民的喜爱。

除了陆上的熊猫，水中也有一种"熊猫"，号称"水中国宝"，这便是珍稀鱼类——中华鲟。

中华鲟曾与恐龙生活在同一片天空之下，体型很大，最大的中华鲟体长可达5

动物活化石——大熊猫

米，体重超过 600 千克，是长江中的鱼类"王者"。

中华鲟是现存的最古老的脊椎动物，也是鱼类进化过程中的重要一环。上亿年来，地球环境风云变幻，但中华鲟依然延续着祖先的习俗——洄游。夏秋时节，是中华鲟沿江而上，从大海洄游入长江的日子，只有能完成 3000 千米"激流搏击"的成功者，才有进入金沙江繁衍后代的资格。因此，有人称它们是"生在长江，长在大海"的"水中熊猫"。

环保小·贴士

"遍地"熊猫

如今，熊猫零星分布在我国的四川、甘肃等省份，但在一百万年前，甚至是商朝时，我国的山西、北京、福建、台湾等多个地区都能见到熊猫的踪迹，可谓"遍地"熊猫。因为那个时候气候温暖，黄河两岸的百姓也能见到竹子，也有水牛等热带、亚热带动物。这体现了气候对动植物分布的重要影响。

第三章　好时光

　　人类的演化之旅最令人着迷。但这一切还需要气候的"成全"，唯有气候能为人类搭建完美的"舞台"。当一切就绪，人类就进入了突飞猛进的大发展时代。

　　人类的智慧加上得天独厚的气候，地球上展开了一幅农耕大发展的图景。随后，人类再次飞跃，进入工业时代，取得巨大的进步，但环境的悲剧也随之上演了。

气候的舞台

大冰期

在讨论气候之前，我们先说说天气。"天气"就是某个地方的大气在一天内的变化，阴晴、冷暖、干湿等都算在内，只要看看天气预报就能知道。而气候呢，则要把时间线拉长，是一个地区多年来平均的大气变化规律，通常用"冬暖夏凉""四季如春""全年高温多雨"等词语来形容。气候状况通常要经过多年的观察和总结才能得出。

对于生活在现代的我们来说，各个地方的气候似乎都是固定不变的，可对于"饱经沧桑"的地球来说，全球气候正处于不断变化的过程中。

石炭—二叠纪大冰期（低温的地球）

人们若想对古生代（5.45亿年前~2.5亿年前）以前的气候状况做出描述是十分艰难的，因为直到寒武纪（古生代的第一个纪）时期，大气才逐渐成型，才有了"气候"。

而在古生代到距今一万年的这个漫长的地质时期内，气候变化的主要特点是几次大冰期的反复。最著名的有三次：震旦纪大冰期（又称"埃迪卡拉纪"）、石炭—二叠纪大冰期（又称"晚古生代大冰期")、第四纪大冰期。在两次大冰期之间是比较温暖的间冰期。

每两次冰期之间的间隔为2亿~3亿年。这是一个极其漫长的时间段。为什么会这样呢？

有人认为这样大规模的冰期可能与造山运动有关，因为几次冰期恰好对应了地球上几次主要的造山运动。而山脉拔地而起必然会对地球的气候产生一定的影响，主要表现为降低地球的温度。

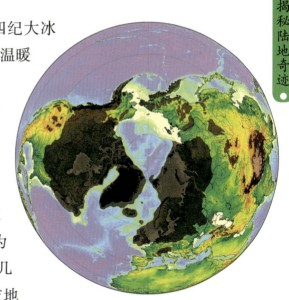

■ 黑色区域是温暖的间冰期时冰川的大小，灰色区域则是冰期时冰川的大小

前两次大冰期与人类毫无瓜葛，但第四纪大冰期却与人类息息相关。

环·保·小·贴·士

小冰期

与"大冰期"相对的概念是"小冰期"，它专门用来描述最后一次大冰期结束后温暖时代的"寒冷期"。从时段上来说，公元15世纪至公元19世纪间的几个世纪都属于小冰期。小冰期的平均气温比现在低1℃以上。寒冷的气候影响着人类社会。以中国为例，小冰期最寒冷的时期恰逢明朝，寒冷导致连年大旱，农民便不断发动起义，最终导致了明朝的灭亡，中国的历史走向也因此发生改变。

冰期的孩子

第四纪大冰期开始于距今 200 万~300 万年，结束于 1 万~2 万年前。那段时间，地球表面覆盖着大规模的冰川。高纬度地区的冰盖和冰川随处可见，南极洲冰盖要比现在大得多，在北美洲北纬 40° 附近也有冰盖出现；中低纬度地区气候严寒，赤道附近也能见到山岳冰川。"白色"随处可见，地球是一个天寒地冻的"冰球"。

当然，这样漫长的阶段中，气候并不是一成不变的严寒，其间也有寒冷和温暖的更替。

到第四纪冰期末期，气候较冷，草原广布地球，周遭的环境并没有那么残酷，地球生物的日子勉强过得去，人类就在这一时期诞生，所以我们可以被称为"冰期的

■ 南方古猿被认为是从猿到人转变的第一阶段

　　1974年，古生物学家在东非的埃塞俄比亚一个山谷中发现了一具远古人类的化石，命名为露西。她生活的年代约在320万年之前，被认为是第一个直立行走的猿人，是所知人类的最早祖先，称"人类祖母孩子"。

　　最早的人类并不是真正的"人"，而是一群古猿。它们生活在埃及草原上，被叫作埃及猿或原上猿。它们是我们现代人类和现代猿类共同的祖先。那时候的古猿并不知道自己的将来是什么样，只知道填饱肚子好度过"眼下"的日子。

　　可是气候变化不等人。天气似乎越来越干旱了，林木大多枯死，草却越长越高，林

　　千百万年前的北非是怎样一幅景象呢？热带森林成片，但林地和草原带也开始出现。造山运动在轰轰烈烈地进行着，气候开始发生变化。生态环境出现了新的苗头，干旱成为大势所趋。与此同时，欧亚大陆却变得四季分明，冬季也不太冷，林地广袤……这一切在冥冥中吸引着非洲草原上的古猿走出非洲，向其他大陆发展。

地球有话说

露西（复原图）

间日子难熬，古猿只好进入草原找吃的。这让它们的身体开始发生变化——站得更直了，上肢和下肢也分化出不同的功能。双腿用来行走，双手可以随时防卫，或是趁机捡点东西吃。

数百万年的生存斗争促进了古猿的进化，它们成为聪明的智人。智人向往远处的世界，勇敢地走出非洲。这是一趟有去无回的旅程，到距今 10 万年时，"旅行者"的后代——晚期智人登场了，我们熟悉的山顶洞人就是晚期智人。晚期智人占据了世界的各个大洲，人类的体质进化完成，地球的历史要翻开新的一页了。

人类进化的过程示意图

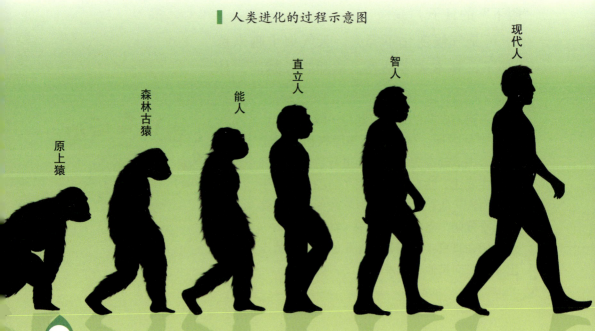

原上猿　森林古猿　能人　直立人　智人　现代人

泽被后世的火

从猿人到现代人的进化过程中，火促成了全体原始人的"逆袭"。

最初原始人不懂得火的奥妙，把火当作"敌人"看待，就像黑夜和寒冷一样——火能让树木、草原甚至生命都化为乌有，真是神秘而恐怖。

可是大火过后，也有好处。灰烬中总会剩下一些被烧死的野兽，还飘着令人垂涎的香气。生肉，原始人是不陌生的，他们常吃，但都是好不容易才能捕到，味道也一般般。现在这些"乖乖"躺在那里的野兽该是什么味道呢？总不至于差过生肉吧！胆子大的将它们捡回来，小心品尝，竟是绝世美味！原始人渐渐了解到火的妙处了。

他们开始试着收集天然火种，将它们当作宝贝，当作朋友。他们派出专人，比如老

环保小·贴士

人与气候

当人类掌握了火的奥秘，在生存斗争中便掌握了更大的主动权。这是远古时代的伟大革命，让人类摆脱寒冷，也从动物界脱颖而出。火改变了世界的面貌，但也使大气中的二氧化碳不再减少，转而变得越来越多，人类开始具备了影响气候的能力。

年人专门负责看护火种，不断地向火堆里投掷树枝，以防止火种熄灭。若是不用的时候，他们懂得用灰烬将火封起来，让它们在灰层下面缓慢燃烧，而不冒出火苗。再用的时候，只要把灰烬扒开，添些枯枝就好了。

原始人掌握了火的奥妙，生存力与战斗力骤增。他们可以用火击败猛兽，占领山洞，只需在洞口处点上一堆火，就不怕夜晚的寒冷，更不用费尽心机防守野兽攻击；捕猎来的野兽，可以用火烧烤烹制，味道与营养双双得到提升，人类的体质也越来越强壮了。

黑暗、寒冷、生食、疾病化作光明、温暖、营养和健康。这是一次意义非凡的进步。

使用火的尼安德特人

旧石器时代
人们狩猎场景

从采集到耕作

靠天生活

最初，世界上没有"种地"这回事。那时候的人们怎么填饱肚子呢？当然是靠天生活，也叫狩猎采集式的生活。那段日子就是旧石器时代。

最初，人们打造一些简单的石制工具方便捕猎，或是从地里挖点什么野草来吃。至于家和固定的住所，是没有的。直到距今

旧石器时代住在山洞里的人们的生活场景

85

一万年前，地球上只有稀稀落落的一些茅草屋，少得不值一提。男女老少过着四处游荡的日子，只要没人的洞穴就可以是他们暂时的居所。

白天，身强力壮的男人搭着伴出去捕猎，女人结成群出去采摘野果。有时候，猎物太大，女人也要加入围猎的队伍。捕猎成功，就意味着人人享有美味；捕猎失败，人们就用野果充饥。

天冷的时候，"野兽牌"皮衣就派上用场了。天热的时候，人们几乎光着身子过日子。

那时候的人们拥有的很少，简单的工具、燧石，就是他们的全部家当。地球上的总人口大约有 500 万。采集时代的人类，还没有发明文字，但他们不是彻底的"粗人"，他们的生活中有艺术的存在。在法国和西班牙的一些史前岩洞里就保留着他们的壁画，水平很高。但原始人为什么

▍世界最早的艺术品——《阿尔塔米拉洞穴壁画》

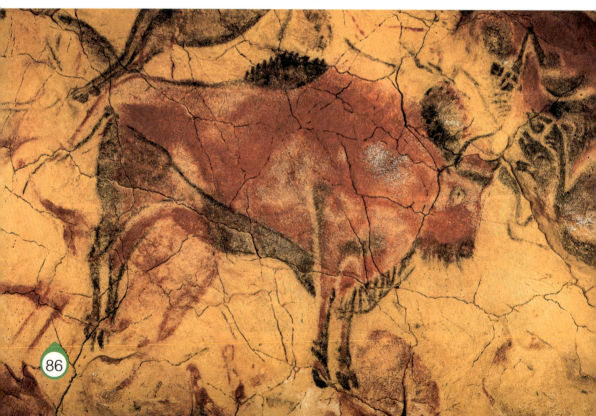

要画这些壁画，现代人只能猜测，而没有确定的答案。

■ 新石器时代人们的生活场景

可随着人口的增加、气候环境的骤变，人们需要更多的食物来填饱更多的肚子，还要提高对抗自然的本事。唯一的办法就是改进工具，制造出更先进的石器——新时代石器到来了。新石器时代又促成了一个更新的时代——农业时代的到来。

采集时代，人类四处漫游。当他们中的一部分登陆澳大利亚时，立马在当地生态界掀起了"巨浪"。此后的几千年间，智人不断捕猎当地生灵。据统计，在澳大利亚24种体重在50千克以上的动物中，有23种因为智人的猎杀而灭绝。还有一些小型动物也被灭绝。澳大利亚的"食物链"就此改变。

地球有话说

农业革命

大约从 1.2 万年前开始，人类就显示出控制和改造自然的强烈欲望。不过，这与一些偶然事件有关。妇女在采集果实的时候，渐渐观察出一些植物生长的规律，原始农业由此开始。

最初的农业是粗放型的，用"刀耕火种"来形容最为贴切。先民们想要播种，就先放一把火，烧出一片空地，然后用原始石刀挖坑、播种。随后，静待土地的回馈。西南亚一带，也就是今天的伊拉克与巴勒斯坦等地，是原始农业的发祥地，大麦、小麦都是当地常见的农作物。随后，气候温和、雨水丰沛的东亚、南亚等地区也开始了原始的农业探索。到公元前 6000 年至公元前 5000 年时，西半球的中美、南美地区居民也领悟到种植的奥妙，进入农耕时代。

最早的农作物也是我们所熟悉的，小麦、大麦、玉米、甘薯、马铃薯、棉花、中国的茶等，直到今天还在滋养着人类。

原始农业

■ 17世纪欧洲一个家庭的厨房，水果、蔬菜十分丰富，这得益于农业的发展

　　原始人在培育农作物的同时，也开始尝试驯养野兽，狗、猪、牛、羊、鸡和鸭是人类最早驯养的动物。

　　农作物需要一定的时间才能收获，这要求人在农田附近定居，甚至是永远地生活在那个地方，人类的游荡结束了，开始了定居生活，房屋、村落、城镇、国家相继出现。

　　原始农业使人类彻底稳定下来，世界文明中心开始出现，手工业、商业、航海业全面萌芽，人类文明的发展开始加速，人类的生活越来越热闹了。

环保小·贴士

古人也环保

　　古代没有"环保"一词，但"环保"行动却早已出现。孟子就多次提倡"关爱、保护动物""在规定的时节内捕鱼"、禁止"乱砍滥伐"等观念。在耕种方面，古人已经有了保护土壤的制度——轮耕、休耕制，以便恢复土壤肥力；耕种时讲究"精耕细作"，不浪费土壤肥力。"护林造林"也是古代统治者积极提倡的"环保措施"之一。

喜忧参半的工业时代

黎明前的黑暗

　　在欧洲，公元 5 世纪后期到公元 15 世纪中期，这一千年左右的时间被叫作"中世纪"。这段时间对于欧洲人来说并不是什么好日子，愚昧落后，战争频繁，人民朝不保夕，饥荒、瘟疫还要时不时发作，使原本脆弱的生命变得更加不堪一击。

　　战争已经带走了无数人的生命，但黑死病（由鼠疫引起的大规模瘟疫）的威力更大，每天能夺走成千上万人的性命。据统计，多次发作的黑死病总共夺走了 2500 万欧洲人的生命。如果你读过意大利作家薄伽丘的《十日谈》的话，你可能对那些描述瘟疫的画面印象深刻：城市变成了

人间地狱，行走的路人随时就会倒在街头，不再醒来。

因为人死得太多，竟造成了农田荒芜、森林再生的景象。这样一来，又闹起了饥荒，紧接着盗贼蜂起，日子苦得不能再苦了。

苦难的日子里，人们仍要想办法活下去。欧洲人趁着气候温暖的时候，大力发展农业。那时候，中国人发明的犁具已经传入欧洲，这帮了欧洲农民的大忙。农田开垦的速度大大提高，农民对农业作物生长规律的把握也更加准确。但农业的发展依然是野蛮的，毁林开荒是常见的把戏。以英国为例，85% 的林地被清除一空，全部用于放牧或种植农作物。要不是英国皇室喜欢打猎，恐怕那剩下 15% 的林地也要被砍伐一空呢。

▋ 中世纪欧洲农民工作的场景

　　大规模砍伐森林的情况在整个欧洲也随处可见，对环境的影响可想而知。中世纪之初，欧洲全部的土地有 80% 都是林地，但到了公元 1300 年，林地的面积仅占 40% 了。

　　不过那时候的人并没有把这些当回事，少数有识之士唯一的期望是发展科学，远离愚昧。

　　毁林开荒表面上看增加了耕地面积，可是没了森林，木材就不够用了，这使得木材价格飞涨；另外，森林退化，土壤就要流失，连肥力也跟着下降，整个农业生态环境也随之恶化，真是得不偿失。

地球有话说

发明竞赛

　　人类对科学以及未知的探索终于使人类脱离愚昧的泥潭，随之而来的是一个发明创造的时代。那个时代最耀眼的是英国。

　　18 世纪 60 年代，英国已经有很多以大机器进行生产的工厂了，机器开始取代人工，生产速度快了不少，利润也随之增加，这让工厂主尝到了技术进步的甜头。发明创造成了受欢迎的事——当然，那些守旧的人，如热爱手工工作的人不喜欢新技术，他们害怕自己被机器所取代，但时代潮流可管不了这么多，发明竞赛开始了。

　　那时候，纺织业是重要的产业，重要的发明也从这里出现。1781 年，世界上第一家

▍如火如荼的工业革命

水力纺织厂在英国出现。因为是"水力"驱动织布机，所以工厂得挨在激流的水边才行。这样一来，水边出现了最早的工业生产线以及工业城市，如曼彻斯特。

詹姆斯·瓦特和他的蒸汽机

到1769年，被瓦特改良的蒸汽机问世。英国人获得了更加便利的动力，机器得到普及和发展，人类进入了"蒸汽时代"。

随后，一种完全不依赖自然力（风力、水力等）以及人、畜力的高压蒸汽发动机出现了。有了这种发动机，蒸汽机车成为可能。没多久，美国人富尔顿发明的蒸汽汽船试航成功，英国人乔治·史蒂芬孙的蒸汽机车横空出世。紧接着，铁路线和铁路网铺设完成，一种方便、可靠、快速的运输方式出现了。

蒸汽时代的工业蓬勃发展

英国人乔治·史蒂芬孙发明的蒸汽机车，将人类带入了蒸汽时代

蒸汽机车以其无比的力量推动了人类历史发展

　　到1840年前后，英国成了世界上第一个工业国家。西欧的法国以及遥远的北美也紧随其后，进入工业时代。

　　机器、工厂、交通运输，一连串的变革由此开启，人们把这些变革加起来叫作第一次工业革命。人类渐渐摆脱自然力的控制，但对自然资源的需求日益增长。凡是有工业兴起的国家，都在孜孜不倦地抢夺着地球上的宝贵能源——煤炭、石油。

　　处于"工业革命"之下的英国，环境大变样——天空煤烟滚滚，毒雾弥漫；河水黝黑、臭气熏天，已成为见怪不怪的情景。1878年，伦敦泰晤士河上发生一次游船沉没事故，造成数百人死亡。但这其中很大一部分人是因为吞咽了泰晤士河河水而死亡的。由此可见，当时泰晤士河的污染非常严重。

地球有话说

电气化

　　第一次工业革命的浪潮还未消退，第二次工业革命便出现苗头了。这一次走在前头的是与电有关的发明。

　　1866年，德国人西门子造出了世界上第一台发电机，让人们见识到"电能"的厉害。电的传输速度快，传输过程中也不会损失太多能量，还能远距离传输，并且生产和管理的环节都要简单得多。相比之下，蒸汽机显得"蠢笨"极了。电力立即取代了蒸汽。

　　一场与"电"有关的发明竞赛悄然开始。"发明大王"爱迪生制造出更先进的电灯泡，又架起世界上第一个输电系统，改变了人类的照明方式。

　　1837年，美国人莫尔斯贡献出世界上第一台电报机；随后电报、无线电报接连出现。1892年，贝尔亲自开通了纽约到芝加哥的电话线路。到1901年，意大利人马可尼引

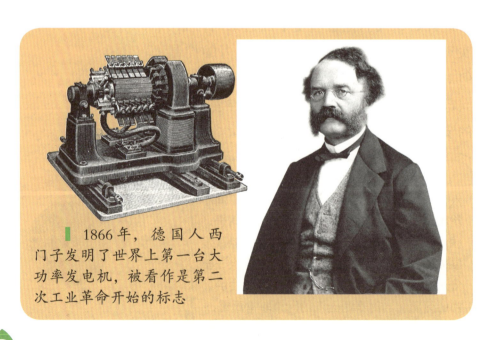

　1866年，德国人西门子发明了世界上第一台大功率发电机，被看作是第二次工业革命开始的标志

1901 年，意大利工程师马可尼首次实现跨越大西洋的无线电通信

爆一项奇迹：让无线电波跨越大西洋——从英格兰传到加拿大。无线电报加上早已问世的电话，人类的通信所需时间大大缩短。

接着是交通工具的变革，1885 年，德国工程师卡尔·本茨制造出世界上第一台汽车。随后，结构更简单、燃料更便宜的柴油机出现了。轮船、火车再也不用费事地载着煤炭跑了。1903 年，莱特兄弟制造的飞机一飞冲天，航空工业崭露头角。

紧接着，世界上又出现了一门化学工业，塑料、人造纤维、绝缘物质，各种新发明层出不穷。科学和技术从没有如此紧密地结合起来。电车、电影那些令人目不暇接的新鲜玩意儿在飞速地改变着人类的生活。

第二次工业革命的风头被几个国家所占

据，美国、德国、英国、法国都有份儿，后来俄国、日本等国家也跟着沾了光，发达起来。世界各国的联系也越来越密切。

现在，电能、石油、煤油成了能源界的新宠。这既是"电力时代"，也是"石油时代"。

环保小·贴士

节电妙招

世界各国都在大力提倡和践行"节电"措施。欧美国家的"夏时制"，又叫"日光节约时制"，目的是充分利用阳光照明，以节约电能。空调是夏季必备品。为了节约电能，有的国家提倡节能空调，而另一些国家则主张将空调提高 1~2℃，以此节约电能。

▌ 电力时代

核能与计算机

第二次世界大战末期，一场关于核武器的研发竞赛秘密展开。德国、美国在暗中较量，都想先研制出来，以此控制战争局势。那时候，邪恶的法西斯势力失道寡助，没人愿意帮助他们，所以他们的核武器研制计划屡屡遭到破坏。不是被人换了假材料，就是原料工厂被破坏。

与此同时，美国研制核武器的"曼哈顿计划"却进展顺利，还得到众多世界一流科学家的帮助，所以经过几年的秘密研制，到 1945 年 7 月 16 日，美国第一枚原子弹成功爆炸。

■ 1945 年 7 月 16 日凌晨，第一枚原子弹在美国新墨西哥州阿拉默多尔空军基地的沙漠地区爆炸成功

■ 原子弹爆炸升起的蘑菇云

原子弹成了摧毁日本法西斯的"最后一根稻草"。原子弹爆炸时，巨大的火球升腾为一团遮天蔽日的蘑菇云，第二次世界大战就此终结。一个全新的科技时代由此开启，第三次科技革命拉开了序幕。

战争结束后，人们又发现了核能的另一项作用——发电。这比火力发电更能节省资源，还不会对大气造成污染，优点多，因此，"核电"成为一种新的能源形式。

除了核武器，20世纪的另一项突破性发明也与军方有关，那便是电子计算机。电子计算机的发明者是美国科学家冯·诺依曼。计算机本是为军方设计，利用它强大的计算能力，可解决原子弹研制过程中遇到的大量的计算问题。

1946年，世界上第一台通用电子计算机问世。它是个十足的"大家伙"，重达28吨，用了18000个电子管，用160多平方米的屋子才能装得下它。这在今天是不可想象的庞大，但在当时却是人类科技史上前无古人的伟大发明。

1946年2月14日，世界上第一台通用计算机"ENIAC"在美国宾夕法尼亚大学诞生

计算机问世后，人们又琢磨着将计算机"联合"起来，将它的"威力"发挥到最大的程度——国际互联网由此诞生。在这个庞大而无形的网络世界中，我们能足不出户地完成学习、工作、购物、娱乐……各种各样的任务。在当下的社会，几乎人人都是互联网社会的一分子了。

■ 互联网把世界变成了地球村

地球有话说

近些年，五花八门的电子产品给人们的生活带来了极大的便利和乐趣。可是电子产品更新换代极快，电子垃圾到处都是。"我"知道有的村庄以拆解电子垃圾为生，提取里面的金、铜等贵重金属获取利益。可是他们却将那些不值钱的部分，随意丢弃在田野或河流中，任由它们污染环境，那里的河水都是黑色的，漂满了垃圾。

第四章　还地球以绿色

　　环境污染的悲剧与工业的发展如影随形。人们发明了各项技术，也"发明"了各种污染。这让人们吃尽了苦头：有毒烟雾事件、核泄漏事件、垃圾围城、雨林危机……

　　好在人类自食恶果后，终于开始反省自身，积极地寻求解决污染的办法。人们实施各项环保措施，开发新能源，过"低碳生活"，目的只有一个，还地球以绿色！

危机重重

唯一家园

　　时至今日，"上天、入地、下海"对于我们人类来说早已不是什么难事，我们是地球生物中名副其实的强者，这足够令远古祖先及我们每一个个体感到骄傲。可是我们都知道，人类的本事再大，地球仍是我们唯一的家园，也是我们最大的"生活环境"。

　　在地球这个"大环境"之下，大气、水、森林、海洋、草原、城市、乡村，可以看作是一个个的"小环境"。而我们说的环境问题，便是与"大环境"或"小环境"有关的问题。每一种环境都与人类相关，关系到人类的生死存亡。

　　与环境有关的问题非常多，但归结起来，可分为两大类："自然的"和"人为的"。

　　"自然的"是指由自然因素的破坏和污染所引起的环境问题。火山喷发、地震、海啸都会对环境产生或多或少

雾气氤氲的森林

的不良影响。地壳中分布不均的元素或是放射性物质也会引起环境问题，甚至致人患病。比如，有的地方缺乏碘元素，人没法摄入足够的碘，脖子就要"肿起来"，显得格外粗。这是一种典型的由元素缺乏引起的"地方病"现象。

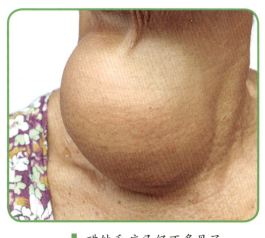

碘缺乏症已经不多见了

"人为的"是指由人为因素造成的环境污染和自然资源与生态环境的破坏。人类要想生存下去，就得对周围环境做点什么，如开荒种地、建造工厂、挖掘自然资源、烧柴取暖等。在这些过程中，会有污染物进入环境中，污染和破坏便开始了。

和自然因素相比，人类对环境造成的破坏才是最大的。

地球有话说

"我"知道在中国的西北地区有个"楼兰古城"。从远古到汉朝，那里逐步兴盛，水草丰美、经济繁荣，是"丝绸之路"上的明珠。可是随着附近人口的增多、人们大肆砍伐森林，破坏水源。有时候，还有大规模的战争发生，再加上全球气候大干旱，最终导致楼兰古城神秘"消失"。现在的楼兰古城遗址只剩一片荒芜了，人们再也不能"复原"当初的美景——甚至连滋养了无数楼兰人的罗布泊也早已干涸。

生态系统

我们常常听到一个词——生态系统。什么是生态系统呢?

生态系统是指在自然界的一定空间内,生物(动物、植物、微生物)和环境(大气、水、土壤等)共同组成的一个整体。在这个整体内,生物和环境之间存在着互动关系,有影响,也有制约。但在一定时间段里,它们处于比较稳定的状态,生物能健康地繁衍,而环境也没有太剧烈的改变。

多样的生态系统

生态系统有大有小,大到太阳系,小到一滴水,都是一个生态系统。地球上最大的生态系统是生物圈,最复杂的生态系统是热带雨林。

生态系统是一个"活"的、时刻进行着能量流动和能量循环的系统,但能量的流动是相对平衡的。让我们到草原上看一看,小草是最低级的,是野兔的食物,野兔又是狐狸的食物;草原上还生活着狼，它们是狐狸的竞争者，因为它们也爱吃野兔，所以狼见了狐狸就要扑杀。如果我们人类可怜野兔，帮它们消灭天敌狐狸或狼，那会造成野兔疯长。这样一来，草原上的草会被野兔啃食一空。草地就会退化为荒漠甚至沙漠。

人类的举动打破了草原原有的生态平衡，造成生态失衡，破坏了环境，给人类自身也带来恶果。从地球整体来看，人类所处的生态系统是非常庞大而复杂的，任何一个小环境遭到破坏，都会给生态环境造成一定的影响。而人类的很多行为都会加剧或放大这种影

■ 生态系统能量流动示意图

猫头鹰
蛇
食虫的鸟
狐狸
蜘蛛
青蛙
兔子
老鼠
食草昆虫
草

环保小·贴士

碳循环

生态系统中存在一种重要的循环——碳循环。大气中的二氧化碳会经过植物、动物两个物种之后，又以二氧化碳的形式重返大气。如果没有人为的干预，这个过程中的碳迁移量应是稳定和平衡的。当人类活动参与进来后，碳循环过程被打破，环境也遭到破坏。

响，如因为生产生活，某些环境被彻底破坏，某些生物种群被毁灭，这最终会祸及人类自身。

当然，冰冻三尺非一日之寒，长久的修复才能使整个生态系统恢复平衡。

▌草原生态系统

森林大火

农业的另一面

远古时候，人类与自然之间的关系远比现在和谐得多。一方面，因为人类相对于广阔的地球来说实在"弱不禁风"，很难对周围环境产生什么破坏性；另一方面，土地上生长的野果、野菜、野兽，足够原始人类填饱肚子，他们不必对大自然动太多脑筋。那时候的环境问题大多与"火"有关，如人们不小心点燃了一场山林大火，或是因忘记熄灭火种而引发草原火灾，就会引发一场环境"浩劫"——植被、动物跟着遭殃。一无所有的环境肯定不适宜人类生存，他们便会搬家了之。

地球有话说

"农业革命"表面上看起来，让人类更容易填饱肚子了。可对于"我"来说，或许不是这样。"我"见过新石器时代的男女，他们的个子、牙齿以及骨骼的健康状况明显好于农业时代的男女。因为农业时代的人口居住集中，生存环境并不好，给流行病提供了良好的传播"土壤"。可以说，人类进入农业时代，环境和个体都遭受了负面影响。如果你胆子够大的话，也可以搜集一些资料或图片来比较一下。

农业革命向来是人类引以为傲的盛事。有了庄稼的稳定产出，人们不用东跑西颠地打猎，更不会有被猎物吞噬的危险，只要老老实实地耕种，老天自有回报。人们的日子比从前轻松多了。可是人类与自然打交道越多，对它的破坏也就越大。

原始的农业生产属于刀耕火种型。农民先用石刀、石斧将土地上的林木花草全部砍除，再放一把火将植物烧毁。

1831年，弗吉尼亚州铁匠赛勒斯·麦考密克才发明了第一台实用的机械收割机来收割谷物。他的发明彻底改变了美国和世界各地的农业

垦荒

这时候，土地得到草木灰的滋养，土也变得松软起来，于是农民开始播种，然后等待收获。当这块土地失去肥力后，就会被废弃。农民再去寻找新的林地来开荒。所以，这种方式也叫迁移农业。

除了毁林开荒，人们还把牛羊等家畜放到草地上，任其啃光草根而不加控制。这样一来，林地、草原受到了极大的损害。

古代的政府机构为了解决更多人的吃饭问题，还会鼓励农民进行大规模的开垦活动，这样一来，森林、水源、草原、土壤都会遭到不同程度的破坏。土壤、水源一旦遭到破坏，荒漠化与沙漠化便不远了。

工业文明的诅咒

发明污染

　　19世纪的欧洲曾有这么一种观点，认为人是渺小的，自然是万能的。持有这种观点的人声称："不管人做什么事，都不会影响到地球的运动，也不可能改变地球的平衡。自然是万能的保护者！从一个时代到另一个时代，它会持续不断地满足人类的需求。"

　　可当人们获取的"超能力"越来越多，各种工业革命后的新鲜玩意层出不穷时，人们似乎意识到上述观点的短视之处。很多人明显感觉到大气中碳酸气体好像在慢慢增

19世纪末，雾霾笼罩下的伦敦白天犹如黑夜

多，并且当这种碳酸气体增多后，全球气温就会跟着升高。

那时候，英国拥有世界上最多的蒸汽机。为了带动这些蒸汽机，一吨吨的煤炭被投入锅炉中。紧接着，大工厂、汽船、火车等相继登场，各种新发明都离不开煤。随之而来的是遮天蔽日的煤烟，整个伦敦都被呛人的烟雾笼罩着。可是大多数人不认为煤烟具有危害，更没想过那是一种"污染"。

1952年12月，伦敦爆发了一场大灾难。5日的白天，伦敦开始出现烟雾，到了下午，烟雾没有散去，反而变成了黄色；晚上，烟雾更浓了，能见度只有几米。直到9日，烟雾仍未散去，空气中弥漫着一股臭鸡蛋的味道。市民们出门走路都得小心翼翼才能避免互相碰撞，进屋后，所有人的脸和鼻孔都是黑的。就连牲畜都觉得呼吸困难，人们已经没法正常生活，所有人、所有牲畜都得

■ "伦敦烟雾事件"中的皇家士兵戴着口罩

环保小·贴士

双重污染

　　煤炭燃烧会产生二氧化碳，使地球升温，同时带来多种污染；但煤炭的污染不止这一方面，在生产阶段，污染就已经形成了。开采煤炭是一个复杂的大工程，要经过多个环节，从安装机器设备，到剥离土石方，以及运输等，几乎每一个环节都在"生产"污染——破坏地下水、造成地表塌陷、毁坏庄稼、释放瓦斯……可谓数不胜数。

戴上口罩才行。

　　这就是 20 世纪最著名的环境公害事件之一的"伦敦烟雾事件"——4000 多人因此而丧生。事件的起因是有毒的煤烟废气赶上了没风的天气，含有二氧化碳、一氧化碳、二氧化硫等物质的"毒气"无法散去，便转头坑害起人类来。

　　这样的事件在伦敦已经发生过好几次了，终于引起了人们的重视，人们意识到这是工业带给环境的污染及人类的灾难——而这仅仅是个开始。

　　1952 年 12 月，伦敦爆发的烟雾事件

"昂贵"的灾难

1986 年 4 月末的一天，乌克兰普里皮亚季城出现了一副怪异又急匆匆的景象：1200 辆大巴车挤在市区的各条街道上，全城的百姓带着自己的包裹，排队登车。一辆车坐满了人后，司机便准备开动。由于车辆太多，路况混乱，一辆辆大巴车就像一只只大甲虫一样，缓慢地向前移动。整整 120 千米的车流，用了三个半小时才把全城百姓撤出城市。随后，空空如也的城市立即陷入一片死寂之中——很多人并不知道他们再也不会回来。直到今天，这里还保留着撤离时的景象。到底发生了什么？

▌切尔诺贝利核泄漏后留下的废墟

　　这就是核电时代以来最有名也是最严重的一次核电站事故——切尔诺贝利事故。由于切尔诺贝利核电厂的第四号反应堆发生爆炸，引起大火，巨量的高能辐射物质散发到大气层中，将整个普里皮亚季城笼罩在核辐射的阴霾中。

　　事故发生的瞬间，便有31余人当场死亡，200多人遭受严重的核辐射。但灾难远未结束，在接下来的15年内，有6万~8万人死于核辐射，13.4万人一直承受着各种程度的辐射病折磨。

　　辐射物质不仅污染了普里皮亚季城，在风的吹送下，苏联的西部地区、东欧地区甚至北欧的斯堪的纳维亚半岛都受到了辐尘的袭击。之后的数月间，苏联政府付出了大量人力物力，终于将核反应堆的大火扑灭，并控制了辐射。

　　除了人员的伤亡，核污染地区的植物和动物也饱受辐射之苦，出现了各种各样的基因变异现象。

▎切尔诺贝利核电站发生核泄漏之后，普里皮亚季城成了寂静之地

这场灾难造成了高达两千亿美元的经济损失。但核事故并未绝迹，2011年，日本发生福岛核事故，经济损失同样是天文数字。而它对人类所产生的恶劣影响，至今仍在延续。

■ 死于辐射的人死前要么像桶一样胖，要么像煤一样黑

福岛核事故发生后，事故核心区域的几个县城上空飘满放射性辐尘。"辐射"时刻袭击人类，居民只得紧急撤离。那里成了一片无人区。住宅、工厂、马路上的汽车，全部废弃。那些带不走的宠物，则成了孤寂荒凉中的"流浪者"，只能自生自灭。但受害的不止这里，大量放射性辐射随风飘散，任意地落在日本的国土上。人们展开环境大清洗运动，但放射性并没有因此降低，另外，如何处理那些清理出来的污染物又成了大难题。当时的混乱情况真是一言难尽。

地球有话说

■ 切尔诺贝利核电站的防护罩

耗资16亿美元建成的防护罩由钢筋混凝土制造而成，宽275米，高108米。希望用其能够罩住并彻底隔离30年前发生核泄漏事故的切尔诺贝利核电站反应堆

垃圾圈

　　人类活动在一刻不停地制造着垃圾。生活中的废纸、丢弃的玩具、厨余废弃物都属于城市垃圾，而粉煤灰、钢渣、塑料、石油废渣则属于工业垃圾。这些废弃物合起来统称垃圾。很明显，人口越多，工业越发达，垃圾也就越多。

　　进入工业社会以来，人类制造出的垃圾有多少呢？

　　据统计，如果以每人每年制造300千克垃圾来计算，乘以现有的世界人口总数的话，60年的垃圾总量将是一个天文数字。将它们堆在赤道圈上，能形成一个高5~10米、宽1000米的巨大垃圾城堡。这相当于给地球建了一个垃圾"腰带"。

　　"垃圾圈"并不是真实存在的，但"垃圾围城"却早已成为全球趋势。那些工业发达的国家同时也是垃圾生产大国。美国城市居民垃圾量一直居高不下，每年制造垃圾2.2亿吨，废旧轮胎上亿只，废玻璃瓶超过300亿个。纽约是世界上人均废物重量最大的城市，每人每年扔掉的垃圾相

▍城市垃圾为患

垃圾围城

当于自身体重的9倍。

垃圾围城会给环境带来巨大的污染，这主要表现在四个方面：污染环境，侵占土地、污染土壤，火灾隐患以及生物性污染。

20世纪末，我国重庆市曾发生一起"垃圾山爆炸事件"。冲天的气浪将垃圾山掀开并埋葬了数名工人，造成了极为惨痛的伤亡。事件警醒我们，一定要妥善、科学地处理垃圾问题。

环保小·贴士

垃圾分类

目前，我国很多城市都在推行"垃圾分类"制度，这也是低碳生活的一种形式。将垃圾按照不同的成分、属性及利用价值等分类收集，然后再采取不同的处置方式，最大限度地减轻环境污染，并将垃圾中能够回收再利用的物质挑选出来，再次利用。

这几大种类中最有回收价值的便是可回收垃圾。如果将它们利用起来，便是一个变废为宝的过程。废纸、塑料、金属都是可以回收再利用的"宝贝"。

被吞噬的森林

绿色珍宝

森林是地球绿色的主要贡献者，也是大自然留给人类的"绿色珍宝"。

从古至今，森林一直默默地服务人类，为人类祖先提供最初的庇护所和食物，使他们衣食无忧；到现在，森林依然是人类的"物资供应者"。而森林更大的作用在于保护和改善人类的生存环境，是整个地球的"调节大师"——调节着空气和水分的循环，影响气候，保护土壤，减轻环境污染。

生机勃勃的亚马孙雨林

植物的妙处在于吸收二氧化碳，释放氧气。森林有大批树木集合在一起，便是一台天然氧气制造机。据测算，一亩树林在一年内制造出的氧气能够供 65 人呼吸一整年。如果城市中每个人占有 10 平方米的树木，便能解决很大的问题。人类为树木提供二氧化碳，而树木则以氧气回报人类。

森林有涵养水源的能力。当雨水落在森林里，一部分会被树木的根系吸收，再通过树木的叶片或树皮中的气孔蒸发出去。有了这些水分，林区变得空气湿润，冬暖夏凉，也有调节气候的作用。

风沙来袭，不仅弄脏了环境，水分和土壤也会被裹挟着流失掉。这时候，树木挺身而出，用身体挡住风沙的去路，降低风速；树根还能护住水分和土壤，积蓄水土。

在治理污染方面，森林也发挥着不可替

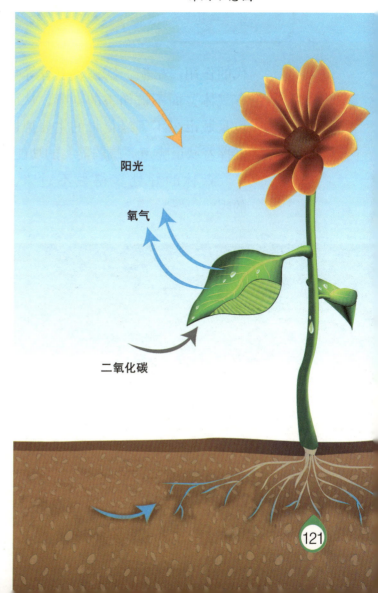

▎植物的光合作用示意图

阳光

氧气

二氧化碳

环保小贴士

废纸别乱丢

纸张是由木材制成的，因此，回收废纸再利用，就间接地减少了木材开采量，相当于保护了森林。据估算，每利用 1 吨废纸，就能新造纸张 800 千克，这相当于少砍伐 20 根树龄为 30 年的树木。回收废纸，既有效处理了垃圾，又保护了森林，还创造了新的商品价值，可谓一举三得。目前，世界各国都在积极想办法利用废纸呢！

代的作用。梧桐、红柳、丁香等众多的树木都有吸收"毒害气体"而不被伤害的本事，从而使空气得到了净化。这也是城市少不了绿化带的主要原因。与此同时，绿化带也发挥着城市噪声"减弱器"的功能。

森林的好处多得数不过来，但它们的遭遇是怎样的呢？

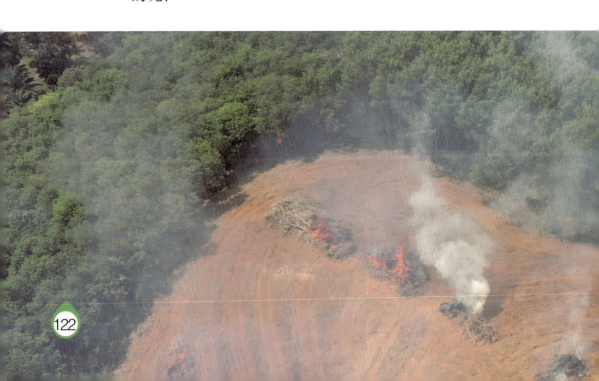

消失的绿色

森林为人类贡献了一切，但人类并没有回报森林，反而大肆伤害它。

人类战战兢兢地学会用火以后，最先烧毁的就是自己的庇护所。当人类摸索出农业种植的规律后，为了满足自身对食物的需求，人类立即向森林展开第二波"进攻"——一场遥遥无期的持久"进攻"。毁林开荒成为常态，森林更加遭殃了。

四五千年间，欧洲的森林覆盖率从90%降至50%。而在我国，这一数字同样触目惊心。我国的黄土高原，在西周时期还是一片被茂林和草原覆盖的绿色地带，森林植被覆盖率达到53%。但铁器和农业的出现、人口的增加，使得人们对土地的渴望空前强烈，

被砍伐的森林

盖房子、做饭、取暖、种庄稼，样样离不开森林。人类对森林植被的破坏日益加重，到唐宋时期，黄土高原上的森林覆盖率降至33%左右。虽然黄土高原不断向北部和西部"扩张"，但没人在乎这些。毁林开荒仍在继续，到明清时，中国人口越来越多，林草植被则越来越少，黄土高原的森林覆盖率已下降至15%。

近百年间，人类对森林的破坏更是变本加厉。除了扩展农业用地，人们还兴建城镇、工厂，再加上战争、火灾、虫灾的破坏，全世界的森林面积急剧下降。每年约有2000万公顷的森林从地球上消失。

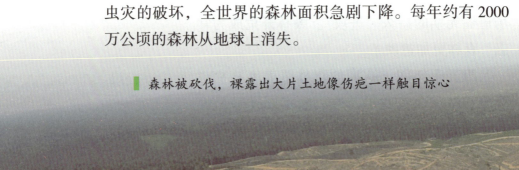

森林被砍伐，裸露出大片土地像伤疤一样触目惊心

世界各大洲原始森林的消失速度都在飞速加快，人们种树的速度远远赶不上毁林的速度。除了被砍伐掉的森林，还有备受"污染"之苦的森林。形形色色的森林消失事件中，最令人揪心的是热带雨林的遭遇。

地球有话说

说起过去的森林消失速度，大体可用"飞速"来形容。举例来说，当你阅读本段文字时，一块足球场大小的森林已经被夷为平地了。不过，近十年来，总算有些令人振奋的消息传来：得益于一些国家对于森林资源的重视和保护，以及植树造林活动的持续，森林消失速度已经明显放缓了。这其中东亚地区森林净增长量最大，中国榜上有名，为190万公顷/年。

雨林危机

在赤道附近的热带地区，分布着地球上最庞大的绿色宝库——热带雨林。热带雨林不仅是植物的大家园，也是动物和微生物的避难所。那里气候炎热，雨量充沛，"制氧工程"一刻不停——单单是南美洲亚马孙雨林制造出的氧气，就占全球氧气总量的 1/3 以上。热带雨林是名副其实的"地球之肺"。

美丽的雨林，绿色的王国

热带雨林是一个独立的生态王国，水汽氤氲着绮丽多姿的林中景观。低地平原、高原峡谷、池水、溪流、瀑布，参天古木、攀附匍匐的藤萝，奇花异草，珍禽异兽，林林总总，随处可见，是大美地球的重要景色。

除了作为景观和调节气候方面的作用，热带雨林为人类贡献的生物资源是极其丰富的：橡胶、可可、金鸡纳都是非常珍贵的雨林作物；长臂猿、黑猩猩、鹿以及各种雨林鸟类及微生物聚族而居，热闹非凡。这对维持地球生态平衡，防止环境恶化具有极其重要的意义。

但自从有人类活动以来，尤其在近代工业化的发展过程中，热带雨林几乎遭遇了"灭顶之灾"。自从20世纪80年代以来，全世界每年有超过200万公顷的热带雨林被砍伐掉，而这个速度还在逐年加快。目前，全世界已有70%的热带雨林消失不见。

作为全球热带雨林的代表，亚马孙雨林正遭遇着前所未有的危机：2019年的人为火灾毁掉了80万公顷的林木，但乱砍滥伐仍在继续。据统计，亚马孙流域的原始面积有18%毁于人类砍伐，另有17%的雨林已经呈现出退化的态势。

■ 亚马孙森林砍伐在2020年上半年增长了创纪录的25%

环保小·贴士

"监听"护林

在高科技的时代，保护热带雨林的技术也在与时俱进。有科学家发明了一套"监听"设备用来保护雨林。开发者利用废旧手机监听雨林中难以辨别的电锯声，将信号发送至护林员的手机中，从而提示护林员盗木者的位置，使护林员能在第一时间处理非法砍伐行为。而为手机充电的是太阳能面板，安装在树冠下即可。整套设备几乎全由回收利用器材组成。

热带雨林是吸附二氧化碳的"主力军"，雨林消失或退化会使大量二氧化碳进入大气中，增加大气层的厚度，从而减少地球热量的散失，加剧全球变暖的趋势。

如果人类任由热带雨林消失的话，不仅林中生物要随之灭绝，就连人类对抗全球变暖的最后一道防线恐怕也要崩溃了。当地球的绿色逐渐消失，人类终将自身难保。

▌图片展示的并不是一片雾气氤氲的森林，而是森林大火燃起的滚滚浓烟

资源与环境

人类的根基

　　土壤以及各种矿产是地球给我们的宝贵资源，它们的形成至少需要成千上万年，对于人类来说越用越少，因此也越来越珍贵。

　　万物生长都要以土壤为根基，但土壤的形成是非常漫长而复杂的过程。目前，地球上能被人类支配的土地约为 13400 万平方千米——其中仅有 10.8% 的土地可用于农耕。这样少的土壤要养活几十亿的人口，土壤所承受的压力可想而知。土壤可贵，但它因此受到人类的珍视了吗？

■ 作为人类赖以生存的基本资源和条件的耕地，进入 21 世纪后，随着人口不断增多，耕地逐渐减少

水土流失

　　实际上，人类对土壤非但不感恩，反而大肆挥霍，达到了触目惊心的地步。人们在耕地上大兴土木，进一步加剧了土地资源危机，为了满足人们的建房、修路等需求，数亿亩的耕地被侵占。而且在逐渐减少的耕地上，还发生着各种各样的土壤污染，农药、化肥的滥用，减少了土壤中的微生物，导致土壤肥力下降，土壤越来越脆弱，不断退化，甚至沙漠化。这不仅会影响农作物的品质和产量，更会影响到人类自身的健康发展。

　　据估算，全世界每年约有270亿吨的土壤白白流失掉。除了土壤流失，土壤退化也是人类面临的严峻问题之一。有数据表明，目前地球上已有25%的农业土壤出现严重退化现象。退化的土壤养分降低，蓄水能力受损，土壤更容易受到侵蚀，进而沦为沙化土壤。土壤退化，农作物产出就会变少，刺激作物价格上涨，反过来促使人们开垦更多的土地用于农业，那么，人们植树造林，改善生态环境的

地球上有些特别的土地被叫作"棕地"。它们可不是棕色的土地,而是一种与绿地相对的规划术语。过去,它们可能是工厂、矿区、采石场,被废弃以后,因为暗藏污染,人们唯恐避之不及。好在各个国家一直都在想办法让"棕地"变"绿地"。

努力便付之东流了。

中国一直在治理水土流失方面做着不懈努力。2020 年,中国大陆的水土流失治理面积 143122 千公顷,通过严格控制人为新增水土流失,分区施策推进水土流失严重地区综合治理,我国水土流失情况快速好转。

荒漠变绿洲,中国西北千年沙漠——毛乌素沙漠即将"消失"

亦敌亦友的农药

农药是农民的朋友，它能祛除庄稼里的病虫害，帮助农民获得大丰收。

农药的问世曾在世界范围内引发一阵狂潮。1938年，瑞士科学家穆勒发现了化合物"DDT"（中文名为滴滴涕）的一种特性，它能杀灭几乎所有的昆虫，用来做农业杀虫剂简直是再好不过了。几年后，人们将"DDT"喷洒在马铃薯秧苗上，希望能杀灭马铃薯甲虫，果然"大获全胜"。"DDT"由此成名，成了所有害虫的"克星"。

随后，"DDT"的"潜力"被更多地发掘出来。除了农田、果园，人们还将它喷洒进厨房、卧室、病房之中，用来杀灭蚊蝇、臭虫，以阻止疟疾等传染病的蔓延。在当时人的眼中，"DDT"简直是"神药"，能杀灭一切害虫，还能帮庄稼增产，实在是全人类的好朋友。穆勒本人也因此获得了1948年的诺贝尔生理学或医学奖。

在"DDT"风潮的引领下，更多知名农药相继问世，给人类的农业带来了"福音"。那些从农药中获益的人甚至以为害虫再也不会出现了，农业会越来越好。

可好景不长，农药的"另一面"逐渐暴露：害虫长期吞食农药，竟然产生了抗药性，不再害怕农药；害虫的种

农民喷洒"DDT"

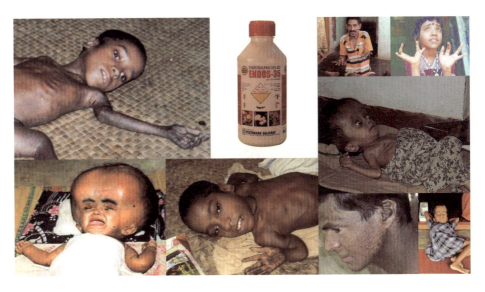

类反而比以前更多了。更可怕的是，农药污染了环境，破坏了生态系统。

　　农药喷洒在秧苗上，但大部分会落入土壤里，有的被水冲走，有的"扎根"在土壤里。农药是非常稳定的，不会轻易被分解。这就造成一种现象，旧的农药还未开始分解，新的农药又落在土壤里。它们不断积累，又通过食物链进入各种生物体内，最终又潜入人体内，引发一连串的危机。凡是接触过农药的生物都会遭殃，如土壤里的微生物、水中的鱼苗、农业益虫、鸟类，包括人类。因为人类所接触的各种食物中，都可能带有残留的农药。

　　好在，现在人们已经注意到农药的污染问题，命令禁止了"DDT"等农药的生产。科学家正在寻求更好的办法解决农业病虫害的问题。

▌ 在印度喀拉拉邦的卡萨古德，为了防止大规模种植的腰果树受虫害，农民大量喷洒硫丹，硫丹渗入土壤，也流入了人的血管中，造成当地出生了很多畸形儿，那些受害者痛苦不堪

环保小·贴士

生物防治

农药污染已成为一种世界性公害，很多国家已禁止使用DDT等类型的农药，生物防治成为一种更科学的选择。生物防治利用生物物种间的相互关系，提倡"以虫治虫"。这种方法最大的优点就是不污染环境。

重金属污染

在日本的西部、九州岛的中心位置，有一个名叫熊本的县城。那里曾发生过一次震惊世界的污染事件——水俣病事件。

1956年，熊木县水俣湾附近开始流行一种怪病。最先发病的是猫。病情发作时，好端端的猫忽然走路不稳，一会儿抽搐，一会儿麻痹，神经错乱的猫还会冲向大海自杀。后来，人也开始出现相同的症状，大脑没法控制身体，知觉也渐渐失灵。病人身心受到极大的摧残，好多人因此家破人亡。

后来人们才找到悲剧的罪魁祸首——附近的一家氮肥厂。准确地说，是氮肥生产过程中所使用的含汞元素

日本熊本县水俣病的患者

的催化剂。生产过程结束后，完成催化作用的含汞化合物便同废水一道排出。在此期间，工厂没做任何消毒处理，就把大量含汞废水排入水俣湾。因为汞是剧毒物质，废水很快污染了水俣湾，进而污染了鱼虾。猫和人吃下鱼虾，就把含汞元素的化合物带入体内，导致汞中毒。随后，猫和人开始集体发病。这也是最知名的重金属污染事件。

除了汞，我们所熟知的金、银、铜、铁、铅、锌等金属都是重金属，它们均具有一定的毒性，能对环境和人体造成污染和伤害。

除了化工生产，重金属污染还出现在重金属开采、冶炼、加工的过程中。铅、汞、镉等矿物如果处理不当，流入大气、水或土壤里，容易引发严重的环境污染事件。重金属对土壤的伤害尤其大，一旦被污染，土壤甚至失去了治理的价值。

生活中，我们接触的各种油漆、电池、化妆品、膨化食品，甚至蔬菜中都含有一定量的重金属。它们能通过皮肤、消化道等器官进入人体，损害人体机能，我们一定要警惕。

■ 日本水俣病事件中的受害者

地球有话说

重金属污染最密集的地区通常在采矿区和矿加工区。越是历史悠久、矿藏密集的地方，污染越复杂严重。这些污染物最大的隐患在于污染农作物。

环保意识的提升

"病变"的地球

人类所拥有的第一张地球照片拍摄于 1972 年，是由"阿波罗" 17 号宇宙飞船上的航天员拍摄的。这张照片有一个名字，叫"蓝色弹珠"，以广袤的蔚蓝色著称于世。而大陆上的绿色则清晰可见。

▌"阿波罗" 17 号拍摄的地球照片

但几十年后的今天，地球却早已不是当初的样子。如今的地球再没有往日的生机，蓝色与绿色所剩无多，到处是一片黯淡的灰色，出现"病变"的区域比比皆是。无论是万米之下的海底，还是九天之上的太空，随处都是人类破坏的影子，海底污染、太空污染早就不是"天方夜谭"了。

这是繁华背后的"荒凉"，也是发展的"副作用"。据估算，地球若想恢复最初的样子，所需要的修复时间要以"亿万年"为单位来计算。

我们都明白的一点是，地球是我们唯一的家园。这个由光照、温度、水分、土壤等要素组成的世界，也是我们最终的依赖，是我们生存和发展的根基。如果这个"环

环保小·贴士

难以消解

　　人们把某些用过的东西或是某些不知道怎么利用的东西当成垃圾，将它们投入环境之中。这时候，环境中会发生各种各样的反应，在光照、风雨以及各种微生物的作用下将垃圾分解成更微小的物质，重新进入自然的循环之中。要是遇到某些难以分解的人工合成物，比如塑料、有毒化学品等物质，环境就没法消解它们，只能任凭自己受到污染了。

境"被破坏，甚至被毁灭，人类就"无家可归"了。

　　中国有句古话，"亡羊补牢，犹未迟也"。如果人类再不提高环保意识，那么50年后的地球或许就找不出一点绿色，只剩满目疮痍。

　　如今，人类已经意识到环境问题的严峻性，环保意识在不断提高，保护地球的办法也越来越多了。只要我们积极地开展各项环保运动，地球环境仍有变好的那一天。

▌工厂烟囱排放的滚滚浓烟对人体危害极大

环保运动

近代的环保运动始于欧美国家。

最先发生工业革命的国家和地区最早受到环境污染之害。19世纪后期，英国伦敦多次发生有毒烟雾事件。同时期，日本采矿业排出的有毒废水使大片农田遭到污染。

进入20世纪，环境污染事件有增无减，其中最有名的是"八大公害事件"，如比利时马斯河谷烟雾事件、美国多诺拉镇烟雾事件、伦敦烟雾事件、美国洛杉矶光化学烟雾事件、日本水俣病事件等。大大小小的环境污染事件给无数人带来伤亡和病痛，终于引起人们对环境污染问题的重视。

西方国家爆发了一场轰轰烈烈的环保运动，志愿者要求人们行动起来保护环境，保护人类唯一的家园。随后，各国开始设置国家环保机构，开展环境科学研究，进行环境保护的立法和执法工作等。

在控制污染方面，人们要求工厂安装净化装置，对即

■ 西方的环保运动

地球有话说

"我"还记得1970年4月22日那天的场景：美国学生在一个叫作丹尼斯·海斯的环保先行者的带领下，走上街头，举行一场呼吁"环保"的集会。这是人类第一次为保护地球家园的环境而奔走。从此，各式各样的环保机构和组织就陆续建立起来了。

将排放的废气、废水、废渣进行净化处理，除去其中的有害物质，以减轻工业对环境的污染和破坏。

此外，人们还开展了"垃圾行动""二氧化碳行动""臭氧行动""酸雨行动"等多种形式的环保运动。

中国的环保运动开始于20世纪70年代。1979年，《中华人民共和国环境保护法（试行）》批准通过，这使中国的环境保护工作有了法律的指导。80年代和90年代，中国的环境保护事业进一步发展，提出了"谁污染、谁治理""走可持续发展道路"的方针政策，公众的环保意识不断加强。

如今，我国的环保事业在科技的助力下，已经发展出更多切实有效的治理方法，人们的环保意识也进一步加强。

▌环境保护仍然是中国的重要任务之一

低碳潮流

我们已经知道，大气中的二氧化碳含量越高，地球就会变得越"暖"。地球变暖对于人类来说并不是一件好事，而是一场灾难。

地球发烧了

全球变暖会引发一系列的连锁反应：冰川融化，使全球海平面上升，那些地势低洼又沿海的国家和地区会被海水淹没；极端天气增加，干旱、洪涝肆意发作，破坏农业；影响全球生态系统，加快物种灭绝速度等。这些问题最终会传导至人类身上，使人类陷入饥荒、饮用水匮乏、疾病增多等各种各样的困境之中。

而我们目前的生活方式，尤其在能源利用方面，正在不断加剧着全球变暖的趋势。

煤、石油、天然气，是当今世界最主要的三种能源，它们在燃烧的过程中会排放出大量二氧化碳，是"制造"二氧化碳的主力军。不仅如此，它们还是造成灰霾、酸雨等多种严重污染现象的罪魁祸首。另一方面，由于人类对能源的消耗越来越大，这些能源很有可能在 21 世纪内被开采殆尽。到时候，如果没有新型能源开发出来，人类将面临更艰难的困境。

在这样的时代背景下，世界上掀起了一种新的潮流——"低碳"。低碳以降低二氧化碳的排放为主要目标，倡导以低耗能、低污染、低排放为基础的"低碳经济"以及"低碳生活"。

环保小·贴士

低碳细节

　　家电是日常生活中二氧化碳的重要来源，所以，节能是最直接的"低碳"细节，我们要养成节约水、电、燃气的好习惯。在购买家电时，要把节能作为选购的一项标准；使用完毕要及时关闭电源，以节约电能。写字用的纸本，尽量两面书写，用后回收，这相当于减少了森林的砍伐量。出行时，尽量选择步行或公交、地铁等公共交通工具，减少有毒气体排放。

　　低碳经济的实质是提高能源利用效率、以新能源代替旧能源，追求绿色发展道路，这要求我们在发展的过程中不断创新，采用新技术，以达到"节能减排"的目的。

　　低碳生活则要求我们在点滴中节约能源，尽可能地循环利用各种物品，多植树，多运动，把环保当作一种习惯，当作自己的责任。

■ 当今流行的低碳生活方式

探索新能源

能源现状

能源对于人类的意义十分重大。平日里，做饭、取暖离不开热能；开灯照明离不开电能；汽车、飞机离不开汽油……可以说，离开了能源，人类世界就没法运转了。

人类对能源的开发与利用，大致经历了柴草、煤炭以及石油三个能源时期。它们为人类的发展和进步做出了不可磨灭的贡献。随着技术的进步，人类能够利用的能源种类越来越多了。这些能源按照来源可分为三类。

第一类能源与天体之间的引力作用有关，如潮汐能，它是因月球引力的变化而生发出的一种巨大能量。第二类来自地球内部，如地热能和原子核能。第三类来自地球以

加拿大煤矿区

外，如太阳能以及与太阳能相关联产生的能源，煤、石油、天然气、生物质能、水能、风能都属于这一类能源。

现有的能源种类丰富，蕴藏量也很大，但是由于人类对能量的需求不断增加，地球上的能源正以惊人的速度被消耗。据测算，人类光是20世纪的能源消耗量就约等于前19个世纪所消耗的能源总量的一半。到现在，人类对能源的消耗有增无减，地球上的自然燃料能源的储量日益降低；另外，人类在利用煤炭、石油的过程中，又给环境带来了严重的破坏，甚至会带来毁灭性的后果。

所以，人类必须认真对待能源问题，一方面要合理利用、开发现有能源；另一方面则要大力开发清洁的新型能源以满足未来的需要。可再生的太阳能、风能、潮汐能、氢能、生物质能、地热能、核能等类型的能源都是未来能源领域的重点开发对象。

■ 能源并非取之不尽，用之不竭

能源宝贵，可浪费现象却比比皆是：无人的室内，灯火通明；商场里，冷气十足，大门却敞开着；店铺的装饰灯光，彻夜不息；家庭或是办公室的电器电源插头，常年插着……仅仅这些"小·细节"引起的电能浪费就是一个天文数字了。

地球有话说

太阳能

　　人类从诞生那天起就与太阳打交道，也渐渐懂得了太阳光的一些好处：提供光热，能取火，能晒粮食晒盐、晒鱼干等。但直到最近几十年，人们才开始懂得如何真正地利用太阳能。在人们的计划中，太阳能可用于发电、取暖等多种场合。

　　太阳能是太阳内部氢原子发生氢氦聚变时释放出的巨大能量，属于可再生能源。太阳能的优点很多，凡是有阳光照耀的地方，就有太阳能。它是免费的，可以直接开发利用，也不用开采和运输。太阳能属于宝贵的清洁能源，不会对环境产生污染。太阳能储量巨大，每年到达地球的太阳辐射能约为130万亿吨煤所产生的能量，可以说，太阳是最大的能源宝库。当然，太阳能也存在一些缺点，如分散、不稳定、效率低且成本高等。

　　▌太阳能是取之不竭，用之不尽的清洁能源

目前，常见的太阳能产品主要有太阳能热水器、太阳能电池、太阳能发电系统、太阳能路灯等。

关于太阳能的应用前景，科学家有很多的预测和想象。科学家预测，到 21 世纪中期，全世界有 20%~30% 的电力是从太阳能电池那里得来的。未来人们将在航天飞机上携带太阳能电池板配件，将它们送入太空中组装，然后推进到预定的轨道，让它们在太空中直接完成光电转换工作，然后把制成的电能转换为微波束，发射给地面接收装置，再转成电能，传输到用户家中。这种形式可以打破夜晚及气候的限制，实现全天候发电。

■ 太阳能发电厂

中国是太阳能资源大国，2021 年，中国新增光伏发电并网装机容量约为 5300 万千瓦，连续 9 年稳居世界首位。

环保小·贴士

光伏效应

1839 年，法国科学家贝克雷尔发现了一种奇特的现象：当阳光照在半导体材料上面时，会在材料的不同部位间产生高低不同的电位差，即光伏效应。这个效应也可以表述为光电材料吸收光能后发生光电反应，从而输出电能。此后，人们发明了太阳能发电设备。

氢能

　　氢是世界公认的清洁能源，因为它燃烧后的产物只有水，不会对环境造成任何污染，还能进一步循环利用。

　　1977年11月，印度安得拉邦马得利斯海港外曾发生过一次海上火灾事故。当时，海面狂风大作，巨浪翻滚。海面突然燃起大火，火焰照亮了整个夜空，令人猝不及防。人们调查了很久才发现事情的真相：原来是强风掠过海面时，摩擦海水引发高热，将表层海水分解为氢和氧；接着飓风中携带的电荷引燃氢，引发爆炸和火焰。人们这才意识到氢不仅能燃烧，而且燃烧能量巨大。

　　据测算，每一克液体氢燃烧后就能产生120千焦的能量。同样重量的汽油燃烧后释放出的能量仅能达到氢能的1/3。此外，在存储、运输以及使用等方面，氢能也别具优势，是代替煤炭和石油的理想能源燃料。

　　进入20世纪以来，人们在氢能的利用方面做出了很多的尝试和探索。氢能电池、氢能轿车、氢能公交车、氢能潜艇、氢能飞机、氢能燃料电池等，氢能利用取得了一定的进展。目前，新能源汽车研制方兴未艾，氢能也被选为

▍美国氢动力Hyperion XP-1超级汽车，最大续航达1609千米

替代汽油的能源之一，前景非常广阔。

氢能工厂

未来，人们还计划氢能进入家庭，像输送煤气一样，使用管道将清洁、高效的氢能送入百姓之家。有了氢气管道，做饭、取暖、供电，甚至为汽车供能等大小问题都能一并解决，为人们带来更加便利的生活方式。

1874年，法国科幻大师儒勒·凡尔纳曾在他的小说《神秘岛》里预言，氢将成为未来的能量来源。目前，这一预言已部分实现。随着技术的进步，氢能必将得到更广阔的应用。

地球有话说

"奥运会"一向是新科技、新理念的"大舞台"。第32届夏季奥林匹克运动会（东京）期间，参会者便经历了一场氢能"展示秀"。"奥运村"住宅电源、区间内行驶的无人驾驶电动车以及附近的商业设施，全部由氢能提供电力支持，就连"圣火"火炬中的燃料也是氢气。如果氢能在全球范围内大力推广开来，那么，到2050年时，人类阻止地球升温2℃的计划就可以实现了。

还地球以绿色

一切为了"环保"

到此刻，我们对地球及其环境已经有了大致的了解，我们见证了它从一颗浓烟滚滚、发热发烫的黑色星球一路走来，经历数次磨难，坚强地重获生机的艰辛历程。在不断地毁灭与重生的过程中，大地终于找到了最"漂亮"的色彩——绿色，这是十分适宜地球生物生存的色彩，也是值得全人类共同珍惜的色彩，人类不能因为自己的任性而肆意消减它的绿色。

目前，人类对于环境保护的问题已达成共识，并由此产生了一大批与环保相关的事物。

联合国环境规划署成立于1973年，是联合国系统内统筹全世界环保工作的组织，总部设在肯尼亚首都内罗毕。

■ 位于肯尼亚内罗毕的联合国环境规划署

联合国环境规划署以激发、提倡、教育和促进全球资源的合理利用并推动全球环境的可持续发展为己任，为全世界的"环境保护"工作做出了巨大的贡献。中国是最早一批加入该组织的成员国。

在联合国环境规划署的努力下，国际上出现了一大批与环境有关的节日，比如"世界

环保小·贴士

清洁美丽世界

50 年前，人类历史上第一个环境问题的会议在瑞典斯德哥尔摩举办。50 年后，2022 年"世界环境日"会议再次回到瑞典。今年，全球面临气候变化、自然退化和污染等三大危机，"只有一个地球"再次成为全人类要共同面对的主题。在此基础上，中国政府提出了"共建清洁美丽世界"的口号，旨在促进中国乃至全世界的生态文明建设。

地球日"（4 月 22 日）、"世界环境日"（6 月 5 日）、"世界无烟日"（5 月 31 日）、"世界水日"（3 月 22 日）、"防治荒漠化日"（6 月 17 日）等多种多样的环保节日。

在这些环保节日中，"世界环境日"的影响最为广泛。每年的环境主题都会给人们留下深刻的印象，其中最有名的一个主题口号"只有一个地球"出现于 1974 年，是第一个"世界环境日"的主题。

> 每年 6 月 5 日是世界环境日。世界环境日的意义在于提醒人们注意地球状况和人类活动对环境的危害

地球卫士

　　"地球卫士奖"从 2005 年开始颁发，是联合国环境规划署为表彰全球杰出环保人士和组织而设立的环保领域的最高奖项。2017 年，来自中国的塞罕坝林场建设者获得了"地球卫士奖"。

　　塞罕坝林场位于河北省承德市北部、内蒙古浑善达克沙地南缘，是一片面积达 115 万亩的人工林海。"塞罕坝"一词与蒙语有关，意为"美丽的山灵水源之地"。但在半个多世纪前，这里却是一片令人绝望的不毛之地，黄沙遮天蔽日，鸟兽绝迹。

　　1962 年 9 月，一场改造沙地的"斗争"开始了。369 名来自全国各地的有志青年，踏上最高海拔 1939 多米的塞罕坝。他们的目标就是要让这片荒地变个样，成为绿色的森林海洋。

　　经过长达半个多世纪的艰苦努力，这支平均年龄不足 24 岁的造林队伍在地球的一个角落里创造出伟大的奇迹：

　▌塞罕坝人在极其恶劣的自然环境下造就了 112 万亩的世界最大人工林

▌人们在往日的塞罕坝植树造林的场景

将荒原变成了一座拥有上亿棵林木的人工森林。这里的单位面积林木蓄积量远远超越世界平均水平。

如今，塞罕坝百万亩森林已成为一道坚固的"绿色长城"，将华北荒漠变成了"华北绿肺"，不仅有阻沙蓄水的功能，又为当地构建出良好的生态环境和丰富的物种资源，成为令世界瞩目的"生态文明建设范例"。

"塞罕坝"只是中国人环保行动的一个缩

▌塞罕坝被称为绿色的奇迹

环保小·贴士

绿色中国

我国也有各种类型和级别的"环保"奖项，其中级别最高的奖项叫作"绿色中国年度人物"奖，这是由中央七部委联合主办并颁发的环保人物大奖，以鼓励民众参与到节约资源、保护环境的行动中。该奖项每年从社会各界人士中评选出 8~10 位年度人物，以鼓励公众为落实科学发展观，建设资源节约型、环境友好型社会而继续奋斗。

影，全国各地还有更多知名或不知名的环保人士在坚持不懈地进行着环保工作。中国政府正在用实际行动证明，我们关注经济和社会发展，也关注生态环保事业。

环保是一种道德

实际上，不只是中国，世界上任何一个国家的发展都应该是"绿色"的。我们在善待地球的同时，也在造福着人类自身以及子孙后代。

了解历史就会发现，环境问题并不是从来就有的，大多是人类活动引发的恶果，恶果不会自行消除，只会越来越严重，危及自身及后代。这是人类全体对自然界做出的不道德的行为，为了人类拥有更好的家园，我们应该提倡对自然"讲道德"。

地球是我们共同的家园，也是唯一的家园

　　这一场穿越亿万年的"地球之旅"即将结束，我们共同见证了地球的艰辛历程：从"浴火而生"到绿意盎然；从阴霾遍地，到环保觉醒……回顾这诸多阶段，我们深知"绿色"的重要，让我们携起手来，保护我们的"绿色地球"。

　　1991年10月，联合国发布了一份重要文件《保护地球——可持续生存的战略》。这份文件对全人类提出了两项要求：建立并传播一种新型道德——维持人类可持续生活的道德，并将它转变为行动，将保护环境和发展结合起来。这份文件中的要求，直到现在仍有意义。我们应该明白：地球万物，生而平等，人类的发展应该以保护其他物种乃至整个地球为前提。

　　至于我们每一个个体，也要承担起相应的环保责任：从现在做起，从每一件小事做起，像爱护我们的眼睛那样去爱护环境，减少对环境的污染和破坏。

　　只要我们每一个人都能身体力行地保护环境，并将环保作为一种习惯和道德传扬下去，地球就会恢复绿色，并将永远是绿色的。

　　我们只有一个地球，必须共同守护！

■ 环保是一项需要长期坚持的事业

153